咸水灌溉覆膜棉田水盐运移特征与模拟研究

刘　浩　张俊鹏　党红凯　冯　棣　宁慧峰　孙池涛　著

U0253256

黄河水利出版社
·郑州·

图书在版编目(CIP)数据

咸水灌溉覆膜棉田水盐运移特征与模拟研究／刘浩
等著 . -- 郑州：黄河水利出版社，2024. 6. -- ISBN
978-7-5509-3917-2

Ⅰ. S562. 071

中国国家版本馆 CIP 数据核字第 2024F8L593 号

咸水灌溉覆膜棉田水盐运移特征与模拟研究
刘　浩　张俊鹏　党红凯　冯　棣　宁慧峰　孙池涛

审稿:席红兵　　　13592608739

责任编辑	郭　琼	责任校对	王单飞
封面设计	李思璇	责任监制	常红昕
出版发行	黄河水利出版社		

地址:河南省郑州市顺河路 49 号　邮政编码:450003
网址:www. yrcp. com　E-mail:hhslcbs@ 126. com
发行部电话:0371-66020550

承印单位	河南新华印刷集团有限公司
开　本	787 mm×1 092 mm　1/16
印　张	9. 25
字　数	214 千字
版次印次	2024 年 6 月第 1 版　　　2024 年 6 月第 1 次印刷
定　价	78. 00 元

前　言

　　河北低平原,这片承载着丰富农业文化遗产的土地,正面临着一场前所未有的考验。淡水资源的稀缺如同一把无形的枷锁,紧紧束缚着这片土地上的农业发展和生态环境的未来趋势。淡水资源的短缺,不仅仅受自然条件的限制,更是人类活动与气候变化双重作用的结果。长期的过度开采,使地下水水位不断下降,地表水的补给则因季节性干旱和人为因素变得愈发不稳定。这一系列问题,不仅威胁到农业生产的基础,也对当地居民生活造成深远的影响。为了确保该地区农业生产持续稳定发展,迫切需要发展节水灌溉技术,寻求淡水资源的替代资源。

　　虽然河北低平原淡水资源极度匮乏,但拥有丰富的地下咸水(微咸水)资源。据统计,河北低平原浅层地下咸水分布面积占该区总面积的91.8%,总储水量达153.9亿 m^3,其中矿化度为 2~5 g/L、5~7 g/L 以及大于 7 g/L 的咸水储量分别占 47.8%、38.5%和13.7%。在面临严重淡水危机的当下,咸水资源的潜在利用价值巨大。很多研究已经证实,若利用方法得当,咸水可代替淡水用于农业灌溉。然而,咸水灌溉具有两面性,在增加土壤湿度的同时带入盐分,适度盐分对作物生长无害,超过一定阈值将抑制作物生长发育、降低产量和品质。棉花是我国重要的经济作物,其耐盐抗旱能力较强,常被用作盐碱地改良和咸水灌溉的先锋作物,河北省棉花面积约 90%分布在河北低平原。棉花咸水安全灌溉不仅可以节约宝贵的淡水资源,还能保证作物的正常生长,对保障国家棉花产业的稳定和发展具有深远的意义。因此,咸水资源的合理利用不仅是解决河北低平原水资源短缺问题的关键,也是实现区域生态文明建设和经济高质量发展的必然选择。

　　本书采用了田间试验与模型模拟相结合的研究方法,通过设计并实施不同矿化度咸水灌溉的田间试验,系统观测了棉花成苗率、地上地下部生长发育、产量构成及纤维品质等关键指标的变化情况,揭示了咸水灌溉对棉花生长发育的影响效应。针对咸水灌溉条件下棉田蒸发蒸腾量的估算问题,本书提出了基于气象数据和作物生长信息的估算方法,为准确计算灌溉需水量提供了技术支持,并探明了咸水灌溉覆膜棉田土壤水盐时空迁移规律,通过属地化修正 HYDRUS-2D 模型参数,建立了适用于河北低平原区咸水灌溉覆膜棉田的二维水盐运移模型,该模型能够准确预测连续多年咸水灌溉下棉田水盐变化动态,为棉田水盐管理提供了重要量化工具。本书的研究成果丰富了咸水安全利用理论和技术体系,可为河北低平原乃至类似地区的农业生产提供实践指导。

　　本书内容系统,结构完整,是团队对科研成果的一次系统总结与分享,亦是对未来的憧憬与展望。通过科学的咸水灌溉管理,河北低平原乃至全国的盐碱旱地将焕发新生,棉花产业将迎来更加绿色、高效、可持续的发展。本书旨在为农业科研人员、决策者、实践者提供一套理论与实践相结合的指南,助力棉花产业的转型升级,同时促进水资源的合理利用与生态环境的和谐共生。本书由中国农业科学院农田灌溉研究所刘浩研究员、宁慧峰副研究员、宋妮副研究员、强小嫚副研究员、李彩霞副研究员、李欢欢博士、张现波博士和杨光硕士,以及山东农业大学张俊鹏教授和孙池涛副教授、河北省农林科学院旱作农业研究所党红凯副研究员、新疆农业科学院土壤肥料与农业节水研究所冯棣研究员等共同撰写,全书由刘浩研究员和张俊鹏教授统稿。

感谢国家重点研发计划课题"咸水资源安全高效利用技术与设备"(2022YFD1900502)、国家棉花产业技术体系"水分管理"岗位科学家建设专项资金(CARS-18-19)、国家自然科学基金项目"覆膜棉田水热盐耦合模拟与咸水安全灌溉指标"(51179193)和公益性行业(农业)科研专项经费项目"黄淮海高产农田作物需水及高效用水技术研究与示范"(201203077)给予本书的研究资助;感谢农业农村部作物需水与调控重点实验室、河北省农林科学院旱作农业研究所等单位提供了研究平台。

本书不仅是对过往研究的总结,更是对未来探索的启航。愿本书成为连接过去与未来的桥梁,引领我们走向更加美好的明天。在此,我们衷心感谢所有参与本书编著的专家学者,以及支持我们研究工作的机构与个人。让我们共同期待,通过科学的力量,让每一滴水都能滋养希望,让每一片土地都能绽放生机。

由于研究者水平和研究时间有限,本书只涉及常规地面灌溉条件下咸水灌溉棉田水盐迁移与模拟,未能涵盖灌溉方式、咸水灌溉后土壤生态环境变化及温室气体排放等内容,也难免出现错误和不足之处,敬请读者批评指正。

作　者

2024 年 6 月

目　录

第1章 绪 论

1.1 研究背景与意义

近年来,随着我国经济的快速发展,淡水资源紧张和耕地面积不足的形势日益显现。为了实现农业水资源的可持续利用,必须寻求和开发淡水资源的替代资源。大力改造盐碱荒地、旱地及滨海滩涂,实现耕地占补平衡,是守住我国 18 亿亩[1]耕地"红线"的有效保障。许多盐碱旱地面积广阔的地区,如河北低平原区,淡水资源匮乏,而微咸水、咸水(本书统称咸水)储量丰富。众多学者指出,如果灌溉管理得当,咸水可以代替淡水资源用于农业生产(Oster,1994;Ranatunga et al,2010;Pedrero et al,2015;Talebnejad et al,2015)。

河北低平原区地处河北省东南部,是河北省重要的粮棉油生产基地,该区淡水资源极为短缺,人均水量和单位面积水量不及全国平均水平的 1/7 和 1/9,是我国最缺水的地区之一(曹彩云 等,2007)。多年来该区工农业生产和生活用水主要靠过度开采深层地下淡水维持,由此引发了非常严重的地质环境问题,形成了全国面积最大的地面沉降和地下水位降落漏斗区(郭进考 等,2010)。然而,河北低平原地下蕴藏着丰富的咸水,据统计,咸水分布面积占该区总面积的 91.8%,总储水量为 1.539×10^{10} m³,其中矿化度为 2~5 g/L、5~7 g/L 以及大于 7 g/L 的咸水储量分别占 47.8%、38.5% 和 13.7%,当前咸水的利用面积尚不足 10%(曹彩云 等)。由于咸水多分布于浅水层,易开发,同时降水补充周期短,而深层淡水开采耗能多,补充周期长,且过量开采已造成严重的环境问题,因此科学合理利用天然咸水是缓解该区水资源紧缺的关键措施之一(刘胜尧 等,2013)。

作为耐盐抗旱能力较强的作物之一,棉花在河北低平原区种植面积非常大,河北省棉花种植面积约 90% 分布在这一区域(李科江 等,2011)。然而,多数棉田土壤肥力低,灌溉条件差,约 36% 的棉田是纯旱地(邓祥顺 等,2009),棉花种植面临的最大问题是春季干旱影响棉花出苗和成苗。该区农业灌溉多以抽取深层地下淡水为主,由于灌溉成本高、周期长,棉花种植过程中,多数年份只灌播前造墒水以保证出苗,之后便主要靠雨养,不再灌溉。实际上,由于该区降雨时空分布极不平衡,棉花生育期间的降雨并不能完全满足其正常生长所需,基于以上背景,在河北低平原区开展棉花咸水高效利用研究非常有必要。

咸水用于棉田灌溉,可以缓解土壤干旱,提供棉花生长所需要的水分,但同时也给土壤带入了盐分,对棉花生长发育和水土环境造成潜在的危害。有关棉花的耐盐特性和耐盐指标,以往学者从植物形态学、植物生理学和分子生物学等角度进行了大量的研究,也取得了显著的研究成果(张豫 等,2011;Ahmad et al,2002;Hemmat et al,2003;Munns,

---

[1] 1 亩 = 1/15 hm²。

2002；Skaggs et al，2006）。当前，制约棉花咸水安全利用的技术难点在于如何调控根区土壤盐分含量在适当范围内，而明确棉花生长对盐分胁迫的响应特征及土壤盐分运移规律是解决这一问题的关键。

水分作为盐分的溶剂和载体，水盐运动密不可分。在土壤水分循环过程中，溶解的盐分随着水分运动而变化；反过来，盐分浓度又会对水分运动产生作用。盐分对作物生长的影响需溶解在水中方能显现出来；同时，水分对作物生长的影响又受到盐分的制约，盐分的存在降低了水分的有效性（Lamsal et al，1999）。显而易见，研究土壤盐分运动规律及其危害性，需将土壤水、盐两个要素统筹考虑。实际上，咸水灌溉条件下，土壤水盐迁移伴随着一系列物理和化学反应，受灌溉水水质、灌水方式、灌水定额、土壤类型、耕作措施及气象条件等多个因素的影响，是一个极其复杂的过程。精确模拟土壤水盐耦合运移过程是调控土壤盐分分布和指导咸水安全灌溉的重要前提，正因如此，土壤水盐运移规律和运移模型一直是国内外众多学者研究的热点问题。我国河北低平原区作为咸水储量丰富、淡水资源匮乏的典型区域，地膜覆盖植棉面积非常广阔。近些年，许多学者在此开展了多项棉花咸水灌溉方面的研究，但咸水灌溉下覆膜棉田水盐运移模型方面研究尚鲜有涉及。尽管在我国西北干旱半干旱区已有相关的研究，但两个区域的水文地质条件、气候条件、灌溉模式、耕作种植方式、人为管理习惯等影响水盐运移的因素大不相同，因此不能照搬西北地区的研究成果。

综上所述，在地面淡水资源匮乏、深层地下淡水超采严重、浅层地下咸水储量丰富却尚未有效利用的河北低平原区开展棉花咸水灌溉试验，研究咸水灌溉下覆膜棉田水盐变化规律和棉花生长对咸水灌溉的响应特征，建立覆膜棉田水盐运移耦合模型，并对连续多年咸水灌溉条件下水盐动态进行预测，在此基础上明确棉花适宜的咸水灌溉制度。该研究为丰富该区棉花咸水高效利用技术体系提供了支撑，并且无论在理论创新上还是在指导实际生产上都具有非常重要的意义。

1.2　国内外研究进展

1.2.1　棉花咸水利用模式研究进展

随着我国及世界上很多国家人口的增长和经济社会的发展，水资源供需矛盾与水环境恶化日益加剧，合理开发和利用劣质水（如咸水）灌溉是缓解水资源危机、实现农业用水可持续利用的重要措施（张利平 等，2009；Ayars et al，2001；Ghrab et al，2014；Wan et al，2010）。由于棉花的耐盐能力较强（中国农业科学院棉花研究所，2013；Greenway et al，1980），往往成为咸水利用的先锋作物。不同于淡水，咸水用于农业生产存在一定的风险，若灌溉管理不当，易导致盐离子在根系层土壤中存留，积累过量会造成土壤质量恶化和作物减产（Ahmed et al，2012；Aragüés，2014）。保证棉花经济效应不明显降低和生态环境不破坏是开展棉花咸水利用的前提条件（冯棣，2014）。

适宜的灌溉模式是控制盐分在作物根区累积、实现咸水安全利用的关键。咸水的盐分浓度和离子组成是决定利用模式的主要因素，而选取合适的利用方式和灌水技术是制定咸水利用模式的首要前提。常用的咸水利用方式有咸水直接灌溉、咸淡水交替灌溉和咸淡水混合灌溉;咸水灌溉技术主要包括漫灌、沟灌、涌泉灌、滴灌等。

一般情况下,低矿化度微咸水可直接用于田间灌溉。李科江等的研究结果显示,采用矿化度小于 4 g/L 的微咸水灌溉不会对棉花的生长发育和产量造成明显影响,矿化度大于 4 g/L 的咸水直接用于田间灌溉则会对棉花生长产生明显的抑制作用。受灌水方式、灌水定额、灌水频率、气候条件、耕作措施等多个因素的影响,不同地区棉花咸水直接灌溉的适宜矿化度阈值差异很大。咸淡水轮灌和咸淡水混灌可以调控土壤盐分分布,是实现较高矿化度咸水安全利用的 2 种重要方式。咸淡水轮灌是根据水资源年内分布不均和作物不同生育阶段耐盐差异性的特点,交替使用咸水和淡水灌溉。柴春玲(2005)在河北省的研究结果显示,棉花的灌溉水质宜采用先淡水后咸水原则,即苗期和蕾期以淡水为主,花铃期和吐絮期以咸水为主;何雨江等(2010)在新疆的研究表明,膜下滴灌条件下棉花咸淡轮灌的适宜灌溉制度为微咸水 80%、淡水 20%,分别在蕾期和盛铃期灌 2 次淡水(2 次灌水定额均占整个生育期的 10%)。国外学者 Singh(2004)和 Murtaza 等(2006)对棉花咸淡水轮灌模式进行了详细研究。咸淡水混灌即按一定比例将咸水和淡水混合,这种措施改善了水质,扩大了咸水的使用范围,增加了可灌溉水量,使以前不能用于灌溉的咸水得以利用。这项技术在我国河北省应用较为广泛,赵延宁(1996)对咸淡水混灌与管道输水一体化技术进行了研究;孙炳华等(2010)对咸淡水混浇技术原理和应用方式进行了探讨;张爱习等(2011)介绍了在线测控苦咸水的安全混灌装置及其应用情况。国外有关咸淡水混合灌溉的研究也有很多,如 Malash 等(2005)设置了 6 种不同的咸(4.2~4.8 dS/m)淡(0.55 dS/m)水混合比例用于灌溉番茄,指出 60%淡水和 40%咸水混灌处理的效果最佳。

灌水技术是影响土壤水盐分布特征及运移规律的重要因素,同一矿化度咸水采用不同灌溉技术对土壤和作物造成的影响效果差异很大。国外有关棉花咸水灌溉技术的研究很多,内容涉及畦灌、沟灌、喷灌、滴灌等(Busch et al,1965;Mantell et al,1985;Moreno et al,2001;Rajak et al,2006;Vulkan-Levy et al,1998),其研究结果因试验条件不同而呈现出很大的差别。国内关于棉花咸水灌溉技术的研究主要集中在两大区域,一是新疆、甘肃等西北干旱半干旱区,二是黄淮海平原半湿润区。西北地区棉花咸水利用多以滴灌为主,众多学者对滴灌管网设计、灌溉水质、灌溉制度、土壤水盐运移规律、棉花生长响应等方面进行了大量的研究(孙林 等,2012;汪丙国 等,2010;王在敏 等,2012;Liu et al,2012;Kang et al,2012),几乎一致认同膜下滴灌是棉花咸水利用最为适宜的灌溉方式,原因是滴灌的高频淋洗作用促使盐分向湿润锋附近累积,在滴头附近范围内形成一淡化区,同时维持较高的土壤基质势,从而为棉花生长创造了良好的水分环境。当前棉花咸水膜下滴灌在西北地区已形成了较为系统的理论和技术体系。黄淮海平原区由于棉花生育期间降水量较大且有深层地下淡水或地表水可供开采,咸水多作为备用资源利用,灌溉面积较为有限,灌溉技术多以地面灌水为主(冯棣 等,2012;焦艳平 等,2012;张俊鹏 等,2012)。

除利用方式和灌水技术外,农艺措施(如秸秆覆盖、地膜覆盖等)、耕作方式(如有机肥施用等)和土壤改良措施(如施加石膏等)亦可有效调控土壤盐分运动与分布,咸水灌溉与这几项措施相结合的集成技术是当今国内外棉花咸水安全利用的重要模式。农田秸秆和地膜覆盖具有保墒、调温、抑蒸、培肥地力的效应,可以有效抑制咸水灌溉带入的盐分在地表土层的积累。Bezborodov 等(2010)研究指出,在电导率为 4.0 dS/m、6.2 dS/m 和 8.3 dS/m 的咸水灌溉条件下,秸秆覆盖处理棉田土壤含盐量和钠吸附比明显低于无覆盖处理,棉花产量和水分利用效率则明显高于无覆盖处理。张俊鹏等(2013)研究指出,地膜覆盖通过增加土壤温度、抑制盐分表聚、保蓄土壤水分,减轻了 5 g/L 咸水灌溉对棉花生长的危害,显著提高了棉花产量。施用有机肥料可以增加土壤养分、改善土壤结构、增加土壤孔隙、减弱盐分上升积累,进而增强土壤抗盐能力(刘洪恩,1994)。Kahlown 等(2003)研究了施用农家肥和绿肥对微咸水灌溉(2.25 dS/m)的影响效应,结果表明,施用农家肥处理棉花的产量比施用绿肥和无施肥处理分别增加了 1.57% 和 6.53%。施加改良剂(如膨润土、沸石、石膏、风化煤等)具有降低土壤容重、提高土壤孔隙度、改变土壤离子构成、减少土壤盐分含量等功效(邵玉翠,2005)。刘雅辉等(2014)研究指出,微咸水灌溉结合施用不同组合的改良剂改良滨海盐土效果明显,降低了土壤表层的 pH 值和全盐质量分数,提高了棉花出苗率。

当前,棉花咸水利用存在的问题是具有不可持续性和不可预测性,即短期灌溉咸水可能不会对土壤质量和棉花生长造成负面影响,但若带入土壤的盐分得不到充分淋洗,长期咸水灌溉很可能会破坏生态环境。这就需要深入开展不同咸水利用模式下土壤盐分运动规律研究,建立盐分运移模型,用以预测长期咸水灌溉下土壤盐分的动态。

1.2.2　咸水灌溉条件下棉花生长响应研究进展

明确棉花生长对咸水灌溉的响应特征,是合理高效利用咸水灌溉的前提条件之一。以往研究认为盐分对棉花生长发育具有双重作用,蒋玉蓉等(2006)研究指出,土壤含盐量在 0.2% 以下有利于棉花出苗、生长,提高产量和品质,当土壤含盐量大于 0.3% 时,就会对棉花产生危害。从棉花整个生育阶段来看,萌发期和幼苗期耐盐能力最为薄弱,随着生育期的推进,棉花的耐盐能力逐步提高(孙肇君 等,2009;王俊娟 等,2011);从棉花不同器官组织来看,地上部比地下部对盐分更敏感(Brugnoli,1992)。

咸水灌溉带入的盐分首先影响土壤环境,土壤作为棉花水分和养分的供给库,这种影响效应势必会在棉花生长过程中有所反映。棉花地下部(根系)是最先对咸水灌溉做出响应的组织。咸水灌溉条件下,棉花根系的生长和分布呈现了趋利避害的特征(Dong et al,2010)。吕宁等(2007)研究发现,不同矿化度咸水灌溉后,棉花根系会自发地改变结构形态、空间构型,即增加根长、根干重、根半径及根表面积,对盐胁迫做出适应性的形态变化;龚江等(2009)研究指出,在盐胁迫条件下,棉花根系分布会进行适应性变化,通过显著地增加脱盐区(0~30 cm 土层)根系数量,来获得更多的水分和养分。咸水灌溉在影响棉花根系生长分布的同时,还会改变根系吸水过程,进而导致棉花形态生长指标、生理生化指标以及产量和品质一系列的变化。谢德意等(2000)研究显示,棉种萌发的耐盐极限浓度是 7 g/L,当 NaCl 浓度超过 5 g/L 时,幼苗的主根长、子叶面积、幼苗干重等均显著低于对照组。张俊鹏等(2014)研究指出,1 g/L、3 g/L、5 g/L、7 g/L 咸水畦灌条件下,随着灌溉水矿化度的增加,出苗率、株高和单株最大叶面积逐渐减小,而单株成铃数、百铃重、籽棉产量及水分利用效率则以 3 g/L 为转折点先增加后降低。唐薇等(2007)的研究结果显示,盐分胁迫显著降低了叶片的光合速率、蒸腾速率、气孔导度、气孔限制值和叶绿素与类胡萝卜素含量。Choudhary 等(2001)研究指出,采用钠离子浓度高的咸水灌溉会降低籽棉产量和纤维品质。

除上述研究外,有关咸水灌溉对棉花生育进程、出苗、形态指标、生理生化指标、产量构成、纤维品质等方面的研究还有很多(冯棣 等,2011;张俊鹏 等,2014;Ashraf,2002;Ashraf et al,2000;Ayars,1993;Bradford et al,1991;Hu et al,2013;Qadir et al,1997;Sadeh et al,2000;Thind et al,2010)。这些研究较为一致的观点是灌溉水矿化度很低时,对棉花几乎无不良影响,甚至还能刺激棉花生长;当灌溉水矿化度达到一定限度时,便会对棉花生长发育过程产生负面影响。然而,有关灌溉水矿化度的临界值以及对棉花生长的影响程度,各项研究之间的差异很大。原因是各研究的灌水方式、灌水时期、灌水量、灌溉水质、气候条件、土壤类型、种植方式等因素不同,这些都是影响棉花根系层土壤盐分分布和迁移的重要因素。因此,在开展棉花咸水高效利用时,因地制宜地研究棉花生长对咸水灌溉的响应特征非常必要。

1.2.3 咸水灌溉条件下棉花耗水特性研究进展

与淡水相比,咸水灌溉增加了土壤溶液浓度,降低了土水势,直接影响了根系吸水过程。作为棉花耗水过程的重要环节之一,根系吸水承担着农田土壤中物质运移和能量传输的功能。有关淡水灌溉条件下作物根系吸水方面,前人已进行了大量的研究,内容涉及不同灌溉技术下各种作物的根系吸水特性和吸水模型(虎胆·吐马尔白 等,2012;王一民 等,2011;朱李英,2006;Lafolie et al,1991;Radin et al,1989;Taylor et al,1971;Taylor et al,1975)。有关干旱、盐渍等逆境胁迫对作物根系吸水机制及吸水模型的建立方法,很多学者也做出了阐述(乔冬梅 等,2006;Dathe et al,2014;Ješko et al,1997;Qiao et al,2010;Wang et al,2012)。一般认为,水分和盐分联合胁迫下作物根系吸水速率可用式(1-1)计算(Homaee et al,2002;Skaggs et al,2006):

$$S = \alpha(\varphi_0)\gamma(\theta)S_{\max} \tag{1-1}$$

式中:S 为根系吸水速率;$\alpha(\varphi_0)$ 和 $\gamma(\theta)$ 分别为盐分胁迫因子和水分胁迫因子,二者均为 $0 \sim 1$;$S_{\max}$ 为最大根系吸水速率。

然而,咸水灌溉条件下,根系层土壤盐分随着土壤蒸发、植株蒸腾、灌溉和降雨而处于时刻运动变化中,致使盐分胁迫因子和水分胁迫因子难以精准确定。

土壤蒸发和植株蒸腾作为作物耗水量的两个构成要素,前者是土壤水在蒸发力作用下发生相变的复杂过程,牵涉水文学、气象学和土壤学等多个学科领域;后者是指作物根系从土壤中吸入体内的水分,通过叶片气孔扩散到大气中的现象(郭元裕,1980)。二者均受气象条件、植株长势和土壤环境的制约。已有研究表明,咸水灌溉带入土壤的盐离子降低了土壤通透性和土水势,改变了土壤导水性能和植株生长过程(季泉毅 等,2014),直接影响了土壤蒸发强度和植株蒸腾作用,导致作物的耗水过程发生变化(蒋静 等,2010;Crescimanno et al,2013;Kirnak,2006)。一般情况下,适当浓度的咸水灌溉对棉花耗水影响不大,但当灌溉水盐度超过一定限度时,其耗水强度和水分利用效率明显降低(Min et al,2014;杨从会 等,2010)。此外,地膜覆盖改善了土壤水热环境,促使作物根系生长与分布及地上部生育状况发生改变,必然导致作物耗水特性发生变化。研究表明,地膜覆盖促进了棉花生长,加速了其生育进程,抑制了棉田土壤蒸发,增加了棉花需水关键期的耗水量,降低了总耗水量,提高了水分利用效率(左余宝 等,2010)。可见,咸水灌溉和覆膜都可以改变棉花的耗水过程,那么两者相结合对棉花耗水的影响效应如何? 这就需要对咸水灌溉条件下覆膜棉花的耗水特性进行研究。

　　准确计算作物蒸发蒸腾量是深化作物耗水研究的重要课题,也是水资源调配和灌溉决策的重要依据,对于实现咸水安全灌溉亦具有重要的指导意义。总的来说,计算作物蒸发蒸腾量的方法有两大类,一类是直接计算法,主要包括水量平衡法、蒸渗仪法、风调室法等,此类方法应用的局限性比较大(聂振平 等,2007);另一类是间接计算法,即用参考作物需水量乘以作物系数计算作物蒸发蒸腾量的方法,此法为作物需水量计算普遍采用,参考作物蒸发蒸腾量的计算方法主要包括水面蒸发法、温度法、辐射法和综合法,综合法中的彭曼公式在我国应用最为广泛(陈玉民 等,1995;彭世彰 等,2004)。当前,有关淡水灌溉条件下棉花蒸发蒸腾计算模拟的研究和应用已有很多(Bezerra et al, 2012; Garatuza-Payan et al, 2005; Hunsaker et al, 2003; Mahrer et al, 1991),对于盐分胁迫下作物蒸发蒸腾模型的改进及参数的率定方法虽然也有研究(Allen et al, 1998; Benes et al, 2012),但关于咸水灌溉条件下覆膜棉田蒸发蒸腾模拟方面的研究尚较少见。

1.2.4　土壤水盐运动研究进展

　　咸水灌溉对棉花生长和土壤环境的影响并非由单一盐分因子引起的,而是土壤水分和盐分的协同作用所致。明确咸水灌溉条件下土壤水盐变化特征、揭示二者之间的迁移机制和耦合效应是实现咸水高效利用的重要保证。

1.2.4.1　土壤水盐运移理论研究

1. 土壤水分运动理论

　　灌溉和降雨为土壤带入水分,蒸发和蒸腾消耗土壤水分,土壤中的水分始终处于复杂的运动过程中。土壤水分运动是陆地水循环的重要组成部分,它是大气水、地表水与地下水相互作用的纽带。早期土壤水运动研究,都以物理学毛细现象解释水分运动,将水分驱动力归结为毛细力,但后来研究发现毛细力仅是土壤水分的受力之一,并不是水分运动的唯一驱动力(杜金龙,2009)。事实上,土壤水分如同其他物质一样,具有不同形式和数量的能态,但由于土壤水分运动速度非常缓慢,一般不计其动能,只考虑它的势能。Buckingham 于 1907 年最先将能量概念引入土壤水,提出了土水势理论。土水势包括重力势、基质势、溶质势、温度势和压力势等分势,根据热力学第二定律,土壤水分总是由势能高处向势能低处运动。

　　随着土壤能态学的发展,利用数学方法来定量描述土壤水分运动研究愈来愈深入。目前,普遍采用达西(Darcy)定律来描述土壤水分运动特征。达西定律是 Darcy 于 1856 年通过饱和砂层的渗透试验提出的,基本理论是水流通量与水力梯度成正比;为了描述非饱和土壤水分运动,Richards(1931)将饱和土壤水分运动的达西定律引入非饱和土壤水分运动研究,将导水率视为土壤含水率或土壤基质势的函数,得出了非饱和土壤水分运动的达西定律。将达西定律与质量守恒定律结合,便可导出土壤水分运动的基本方程:

$$\frac{\partial \theta}{\partial t} = \frac{\partial}{\partial x}\Big[K(\theta) \frac{\partial \varphi_m}{\partial x} \Big] + \frac{\partial}{\partial y}\Big[K(\theta) \frac{\partial \varphi_m}{\partial y} \Big] + \frac{\partial}{\partial z}\Big[K(\theta) \frac{\partial \varphi_m}{\partial z} \Big] \pm \frac{\partial K(\theta)}{\partial z} \qquad (1-2)$$

式中：t 为时间，d；$K(\theta)$ 为土壤非饱和导水率，cm/d；θ 为土壤体积含水率，cm^3/cm^3；φ_m 为土壤基质势，cm；x、y 为水平坐标，cm；z 为纵向坐标，cm。

土壤水分运动基本方程的成功推导，促使土壤水分运动研究由经验走向机制、定性走向定量、静态走向动态。

2. 土壤溶质运动理论

土壤水分是盐分的溶剂和载体，盐随水来、盐随水去，这种同时并存的运移模式决定了土壤溶质运移理论是随水分运移理论研究的发展而发展起来的。Slichter(1905)曾指出，在土壤中溶质并非以相同速率运动；Taylor(1953)利用单毛管描述了土壤溶质穿透曲线，开启了利用土壤溶质穿透曲线来揭示土壤溶质迁移机制的研究；Lapidus 等(1952)、Nielsen 等(1961,1962)和 Biggar 等(1962,1963)基于一系列示踪实验，对土壤溶质迁移机制作了广泛的评述，提出了易混合置换理论，认为溶质的通量是由对流、分子扩散和机械弥散的综合作用驱动的。对流是土壤水分运动过程中，同时挟带着溶质运移；分子扩散由溶质浓度梯度产生，机械弥散则伴生于孔隙系统，二者的机制不同，但表达相似，常将分子扩散与机械弥散综合，称为水动力弥散(雷志栋 等,1988)。其中，溶质的对流通量由溶质浓度与土壤水分通量的乘积计算，水动力弥散通量符合 Fick 第一定律，由此可以得到土壤溶质通量的基本计算公式为

$$J = qc - D_{sh}(v,\theta) \frac{\partial c}{\partial z} \qquad (1-3)$$

式中：q 为土壤水流通量；c 为溶质浓度；$D_{sh}(v,\theta)$ 为水动力弥散系数。

式(1-3)与质量守恒原理推导出的连续方程联立，即可得出一维溶质运移的对流-弥散基本方程：

$$\frac{\partial(\theta c)}{\partial t} = \frac{\partial}{\partial z}\Big[D_{sh}(v,\theta) \frac{\partial c}{\partial z} \Big] - \frac{\partial(qc)}{\partial z} \qquad (1-4)$$

土壤中的溶质处在一个物理、化学和生物的相互联系和连续变化的系统中，溶质运移是十分复杂的，除进行基本的对流-弥散运动外，也存在其他方式的运移转化，如土壤吸附、植物吸收、离析沉淀、化合分解、离子交换等。在研究过程中，根据实际情况，可以在土壤溶质运移基本方程[式(1-4)]中添加源汇、动态储存等项，显然如此一来，求解过程变得非常复杂，目前已有一些初步的模式，并在不断向前推进。

1.2.4.2 咸水灌溉下土壤水盐运移影响因子研究

咸水灌溉下土壤水盐运移是一个较为复杂的变化过程，受到土壤质地、耕作措施、灌水技术、灌水定额、灌溉时间、灌溉水质、地下水埋深、土壤蒸发、作物种植及气象条件等因素影响。可以说凡是影响土壤水分运动的因素，都会影响土壤盐分传输和分布。

一般而言，大粒径比例愈高的土壤，其透水性愈强，盐分亦愈容易淋洗(付腾飞 等,2012)。研究表明，沙土土质透水性较好，咸水滴灌下盐分大部分运移至 100 cm 以下土体，但长期咸水灌溉使得 100~200 cm 土壤总盐分逐渐积累(何新林 等,2012)。层状土壤的水盐运移过程与均匀土壤大不相同(Selim,1977)，陈丽娟等(2012)研究指出，黏土夹

层对土壤水盐运移具有显著的阻碍作用,黏土夹层以上土壤的平均含水量、含盐量随灌溉水矿化度增大而增加的趋势,黏土夹层以下土壤水盐分布几乎不受微咸水灌溉的影响。农田耕作是改善土壤结构和光温分布的重要措施,同一灌水条件下,不同耕作措施农田的水分入渗和溶质迁移过程存在很大差异(蔡立群 等,2012;胡宁 等,2010;宋振伟 等,2012;Meni et al,2002)。如胡宁等的研究显示,在 15 cm 土层内,保护性耕作土壤的交换性 K、Ca、Mg 含量和盐基总量较传统犁耕均有不同程度的增加;宋振伟等的研究表明,平作播种中耕起垄处理不仅提高了玉米苗期土壤的最低温度和耕层土壤储水量,而且增加了中后期土壤积蓄雨水量。

灌水方式、灌水定额、灌溉时间、灌溉水质等农田供水因素直接决定着土壤水分入渗过程及溶质类型和带入量,必然会对土壤水盐运移过程产生影响。就灌水方式而言,冯棣和张俊鹏等(2011)、Chen 等(2013)、窦超银等(2011)、Selim 等(2012)、吴忠东等(2010)分别对咸水畦灌、沟灌、滴灌、交替灌、涌泉灌等灌溉方式下土壤水盐运移规律进行了分析。以咸水滴灌为例,窦超银等研究指出其水盐运动特征为:土壤水分运动始终为自滴头下方饱和区持续径向向外扩散,雨季土壤水分整体向下运动;周年盐分动态可以分为春季强烈蒸发—积盐阶段、灌溉淋洗—稳定阶段、雨季淋溶—脱盐阶段、秋季蒸发—积盐阶段和冬季相对稳定阶段等 5 个阶段。对灌水定额和灌溉时间来说,一般地区,加大灌水定额,减少灌水次数,有利于土壤溶液浓度的降低和土壤中盐分的淋洗(张永波 等,1997);但在干旱地区,由于蒸发返盐强烈,缩短灌溉周期、加大灌溉频率是减少根系层盐分积累的有效方法(Shalhevet et al,1986)。对灌溉水质而言,郭太龙等(2005)研究了入渗水矿化度对土壤水盐运移的影响,发现入渗水矿化度的增加可增大土壤的入渗能力,入渗水的矿化度在 1~5 g/L 时,土壤积盐量随入渗水矿化度增加而增大;杨树青等(2007)研究指出,低浓度水灌溉时,盐分累积不明显,但当灌溉水浓度达到某一临界值时,盐分将在土壤剖面一定深度的土层内聚集明显增大。

浅层地下水位的升降与土壤水分运动密切相连,亦不可避免地与土壤盐分运移息息相关。刘广明等(2001)指出,土壤溶液浓度与地下水矿化度呈正相关,土壤积盐与地下水埋深呈负相关;乔冬梅等(2007)的研究表明,土壤中盐分含量随地下水埋深的增加而减小,随灌溉水盐分浓度的增加而增大。土壤蒸发是土壤水分向上运动的主要驱动力之一,对水盐运移具有重要影响。刘福汉等(1993)、史文娟等(2005)分别从不同的角度阐述了蒸发条件下的土壤水盐运移规律。有无种植作物及作物类型对地面的覆盖程度大不相同,其根系分布与吸水过程差异巨大,这势必对土壤水盐运移过程产生影响。徐力刚等(2004)的研究指出,在种植作物条件下,土体中的盐分分布状况发生了改变,在作物根系强烈截吸的土壤水分高于地表蒸发耗损的情况下,含盐较高的土层出现在 20 cm 左右,而不在表层;张展羽等(1999)指出,作物生长状况对农田水盐运动产生直接的影响,并分析了土壤水分运动、盐分运动及农作物生长之间的动态耦合关系。作为土壤水分的重要来源之一,降雨对土壤水盐运移的重要性不言而喻。马文军等(2010)指出,土壤水盐动态呈受灌溉和降雨影响的短期波动和受季节更替影响的长期波动趋势;赵耕毛等(2003)的模拟结果表明,小雨很难使土体脱盐,中雨能使土体在短时间内部分脱盐,但长期来看剖面脱盐效果不理想,大雨能使整个土壤剖面长期处于脱盐状态。

1.2.4.3 土壤水盐运移模型研究

土壤水盐迁移过程受多项因素的影响,单凭实验难以揭示这一复杂过程的本质,利用建立数学模型的方式对土壤水盐运移过程进行模拟研究,是了解各自运动规律的重要手段(李春友 等,2000;Lekakis et al,2015)。基于不同的研究尺度和水盐运移理论,以往学者构建了许多数学模型,这些模型大体上可划分为物理模型、水盐平衡模型、确定性模型和随机性模型等几种类型(吕祝乌,2005)。

物理模型和水盐平衡模型是水盐运移前期研究较为常用的方法。物理模型是依托于土壤水动力学模型,主要通过建立物理实体,如室内模拟土柱,采用相似性准则来模拟研究问题的方法,这种方法较为简单,易于操控,是获取复杂的系统模型参数的有效途径。水盐平衡模型是以区域或流域为研究对象,通过大量野外定点观测,以水盐平衡为基础,宏观地从水盐来源与排出来表示水盐动态变化,并进行盐渍化的预报。石元春等(1983)应用分区水盐均衡方法,得出黄淮海平原4种水盐运动调控模式,并创立了区域水盐运动监测预报体系。

确定性模型是基于质量守恒定律和动量守恒定律推导建立的,它以对-流弥散方程为中心,同时还考虑了盐分运移机制,如溶质的溶解、吸附和沉淀过程、不同类型溶质组分间的离子交换过程、生物吸收和降解过程等(Nielsen et al,1961)。对流-弥散方程模型是当前研究中较为常用的确定性模型之一,它考虑了溶质在迁移过程中随着作物吸水过程产生对流现象及土壤溶质在运动时产生的水动力弥散现象,故可以通过在模型中加入源汇项来考虑作物对土壤水盐的吸收和溶质的物理化学变化过程。随机性模型是在对流-弥散方程基础上建立的,但其考虑了土壤的空间变异性和水盐运动的随机性。它认为真实系统变化是不确定的,在假设系统输出是不肯定的情况下,通过研究系统输出的概率分布特征来预测溶质的运移规律。传递函数模型便是一种不考虑溶质在土壤中运移机制的黑箱随机性模型(Jury,1982),任理等(2000)应用传递函数模型分别研究了非稳定流条件下非饱和均质土壤盐分的运移状况。

此外,部分学者还对考虑作物生长和地面覆盖条件下土壤水盐运移模型研究进行了初步探讨。Wang等(2007)通过渗透模型、盐分淋洗模型、作物蒸散模型和盐分积累模型等4个子模型联合研究了不同咸水灌溉方案下土壤水盐运动规律,并提出了棉花和小麦的适宜咸水灌溉制度。张展羽等基于SPAC系统理论,建立了考虑农作物动态生长的农田水盐运移模型。郑九华等(2008)利用有限差分法,建立了秸秆覆盖条件下微咸水灌溉水盐运移数学模型,结果表明,模拟值与实测数据相吻合。

1.3 研究内容和技术路线

综上所述,在河北低平原区开展棉花咸水安全灌溉的关键是确定适宜的灌溉水矿化度和灌溉制度。要明确这一问题,首先需要研究咸水灌溉下棉田水盐运移规律和棉花生长响应特征,其次是对咸水灌溉下覆膜棉田水盐运移进行模拟,最后对不同矿化度咸水连续多年灌溉下土壤水盐变化趋势进行预测。鉴于此,本书设计了以下5个方面的研究内容及技术路线。

1.3.1　研究内容

（1）咸水灌溉下覆膜棉田水分、盐分、温度分布特征及变化规律。

通过对覆膜棉田不同点位土壤水分、盐分和温度的定期监测，研究不同矿化度咸水灌溉下覆膜棉田水分、盐分和温度的时空分布特征与变化规律。

（2）棉花生长对咸水灌溉的响应特征。

通过对棉花成苗率、株高、叶面积、果枝数、棉铃发育等地上部指标和根干重、根长密度、根表面积、根直径、根体积等地下部指标，以及百铃重、成铃数、霜前花率等产量构成指标和纤维长度、断裂比强度、马克隆值、伸长率等纤维品质指标的测定，并结合气温、相对湿度、降雨、光照等气象因子，系统地研究棉花生长对不同矿化度咸水灌溉的响应特征。

（3）咸水灌溉下棉花耗水规律与蒸发蒸腾模拟。

通过对土壤含水率、土壤蒸发及棉花生长的观测，结合常规气象资料和田间小气候数据，研究不同矿化度咸水灌溉下棉花耗水特性和水分利用效率，并对棉田蒸发蒸腾量进行模拟。

（4）咸水灌溉下覆膜棉田水盐运移模拟。

通过模拟区域、初始条件和边界条件及土壤水分运动参数、溶质运移参数和作物参数的确定，对咸水灌溉下覆膜棉田水盐运移进行模拟，并结合实测数据对模拟结果进行评价。

（5）连续多年咸水灌溉下土壤水盐动态预测。

根据建立的水盐运移模型，预测不同矿化度咸水连续多年灌溉条件下的土壤水盐动态。在此基础上，结合棉花生长对盐分的响应关系，明确不同矿化度咸水的利用潜力和适宜灌溉制度。

1.3.2　技术路线

本书以重点解决棉花咸水灌溉中存在的理论问题为切入点，以实现咸水高效利用为目标，充分吸收国内外最新研究成果，采用小区试验和室内研究相结合，理论分析与计算机模拟相结合的研究方法，阐明咸水灌溉下覆膜棉田土壤水热盐时空变化规律和棉花生长响应特征，建立覆膜棉田水盐运移耦合模型，并以此对咸水多年灌溉下水盐动态进行预测，在此基础上明确不同矿化度咸水的利用潜力与灌溉制度。研究的技术路线如图 1-1 所示。

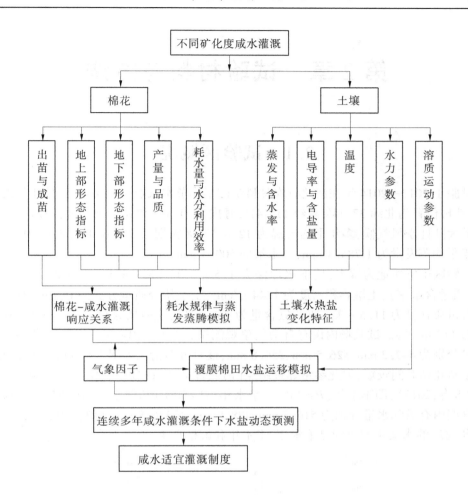

图 1-1 技术路线

第 2 章　试验材料与方法

2.1　试验区概况

　　试验于 2012—2014 年在河北省农林科学院旱作节水农业试验站进行,位于河北省深州市,地理位置为北纬 37°44′,东经 115°47′,海拔为 21 m。该站地处河北黑龙港地区,属暖温带大陆性季风气候,多年平均气温为 12.8 ℃,无霜期为 188 d,日照时数为 2 509.4 h;多年平均蒸发量为 1 785.4 mm,降水量为 500.3 mm。

　　试验区土壤质地为壤土,地下水埋深大于 5 m。0～100 cm 土层田间持水率为 28%(土壤质量含水率),土壤容积密度为 1.44 g/cm³,土壤盐分质量分数为 0.16%;0～20 cm 土层有机质含量为 11.5 g/kg,速效氮含量为 76 mg/kg,速效磷含量为 15 mg/kg,速效钾含量为 112 mg/kg。试验场内设有自动气象观测站,2012—2014 年棉花生长期间累积年降水量分别为 447.2 mm、526.5 mm、256.8 mm,逐月分布情况如图 2-1 所示。由于试验场内气象站建站时间较短,因此参考邻近站点(河北省景县)1971—2007 年降雨频率分析结果(刘玉春,2013),即丰水年($P=25\%$)、平水年($P=50\%$)和枯水年($P=75\%$)对应的棉花生育期内有效降水量分别为 516.3 mm、428.8 mm 和 346.8 mm,可知 2012 年、2013 年、2014 年对应的水文年型分别是平水年、丰水年和偏枯水年。

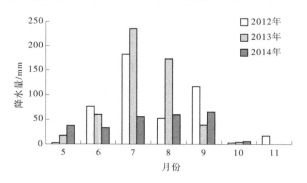

图 2-1　试验期间降雨逐月分布情况

2.2　试验设计

　　试验依据灌溉水的矿化度设置了 4 个处理,每个处理 4 次重复,共 16 个小区,每个试验小区面积为 37.62 m²(5.7 m×6.6 m)。4 个处理的灌溉水矿化度分别为 1 g/L、3 g/L、5 g/L、7 g/L,依次记作 S1 处理、S2 处理、S3 处理、S4 处理,其中,1 g/L 淡水取自当地深层地下水,3 g/L、5 g/L、7 g/L 咸水由深层地下水掺兑海盐配制而成,灌溉水的电导率和离子组成见表 2-1。灌水方式采用地面畦灌,水表计量;灌水下限均控制在田间持水率的 65%。试验期间,4 个处理的灌水日期和灌水定额一致,详细灌溉和降雨情况见表 2-2。

表 2-1　灌溉水的电导率和离子组成

灌溉水矿化度/(g/L)	电导率/(dS/m)	离子浓度/(mEq/L)						
		Ca^{2+}	Mg^{2+}	K^+	Na^+	SO_4^{2-}	HCO_3^-	Cl^-
1	1.3	1.43	1.61	0.15	13.13	5.88	1.04	7.63
3	5.4	1.73	1.93	0.15	42.61	13.61	1.16	35.30
5	8.8	2.09	2.47	0.15	70.43	20.12	1.26	60.73
7	12.4	2.45	3.09	0.16	97.83	26.74	1.38	86.30

表 2-2　试验期间灌溉和降雨情况

试验年份	灌溉日期(月-日)	灌水定额/mm	灌水总量/mm	降水量/mm
2012	4-27	50	125	447.2
	6-18	75		
2013	5-15	75	75	526.5
2014	4-24	75	150	256.8
	7-16	75		

供试棉花品种为"冀棉 616",播种日期分别为 2012 年 5 月 2 日、2013 年 5 月 20 日、2014 年 5 月 1 日。每年播前 4~6 d 造墒,晾墒后施复合肥(有效氮 15%、有效磷 15%、有效钾 15%)750 kg/hm²,之后旋耕、镇压。采用当地应用最为广泛的地膜覆盖技术植棉,一膜两行。设计行距为宽行 80 cm、窄行 50 cm,株距为 30 cm,采用人工点播方式播种(每穴 3~4 粒棉种),播后窄行覆膜,裸地与覆盖面积之比为 1∶1。

萌发出苗期是棉花耐盐能力较弱的阶段,由此导致处理间棉花的出苗率差异很大。为了消除密度对棉花生长发育和土壤水盐运移的影响,棉花点播的同时在保护行培育棉苗,于播后 20 d 前后用移栽法补齐棉苗。移栽尽量在降雨前进行,在无降雨的情况下,每株棉苗浇灌约 200 mL 深层地下水以保证棉苗成活。棉花生育期间无追肥,各小区棉花定苗、盖孔、除草、喷药、打顶、化控等田间管理均保持一致。试验结束日期分别为 2012 年 11 月 8 日、2013 年 10 月 27 日、2014 年 10 月 27 日。

2.3　试验测定项目与方法

2.3.1　土壤水、热、盐测定

由于棉花采用宽窄行种植,且窄行覆盖地膜,导致不同点位处的土壤水、热、盐环境不同,因此观测土壤含水率、土壤盐度、土壤温度时选取了不同点位(见图 2-2),其中编号 1

为窄行(覆膜行)中心处,编号 4 为宽行(裸露行)中心处,编号 2 和编号 3 为窄行中心至宽行中心平均布设的 2 个点。

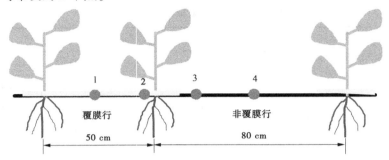

图 2-2　棉田土壤水分、盐分和温度观测点("●"为观测点)

2.3.1.1　土壤含水率与土壤盐度

利用孔径为 4 cm 的土钻分层取土(0~60 cm,每 10 cm 一层;60 cm 以下,每 20 cm 一层),每层土样混匀后分别放入铝盒和塑料袋。其中,土壤含水率采用烘干法测定,即将铝盒中的土样放入 105 ℃恒温干燥箱内烘至恒重后计算;土壤盐度采用电导法测定,即将塑料袋中的土样风干、去除杂物、碾磨后过 2 mm 筛,土水比按照 1:5(质量比)混合,迅速搅拌 3 min,采用 DDS-307A 电导率仪速测电导率。各点位的取土深度为:编号 1、编号 4处 2 m,编号 2、编号 3 处 1 m。每 10 天测定 1 次,降雨和灌水前后加测。

为了获取土壤含盐量和饱和泥浆浸提液电导率,通过实验室测定,建立了土水比 1:5悬浊液电导率(EC$_{1:5}$)与土壤盐分质量分数(S),以及与饱和泥浆浸提液电导率(EC$_e$)之间的相关关系,即式(2-1)和式(2-2)。土壤盐分质量分数和饱和泥浆浸提液电导率的测定方法分别参考鲁如坤(1999)和李冬顺等(1996)提出的方法。

$$S = 0.330\ 7EC_{1:5} + 0.003\ 8 \qquad R^2 = 0.996\ 3 \qquad (2-1)$$

$$EC_e = 9.367EC_{1:5} - 0.001 \qquad R^2 = 0.990 \qquad (2-2)$$

2.3.1.2　土壤蒸发

使用微型蒸渗仪测定无覆膜行中心处的土壤蒸发量,每天 17:30 采用精度为 0.1 g的电子天平测定。微型蒸渗仪由镀锌铁皮制成,包括内筒和外筒两部分,内筒直径为 10cm、高度为 10 cm、无底,外筒直径为 11 cm、高度为 10 cm、有底。内筒取土后用塑料薄膜封堵底部,放入预埋在田间的外筒中,顶部与地面平齐。微型蒸渗仪中的土每隔 1~2 d更换 1 次,降雨或灌水后换土,每次换土时测定 0~10 cm 土层含水率。

2.3.1.3　土壤温度

土壤温度采用土壤温度记录仪(JL-04)自动采集,每隔 30 min 采集记录 1 次数据,每10 天下载 1 次数据。土壤温度的测定位置如图 2-2 所示,其中,编号 1、编号 4 处测定深度为 1 m,传感器分别布设在 0 cm、5 cm、10 cm、15 cm、20 cm、40 cm、60 cm、80 cm 和 100cm 土层深度处;编号 2、编号 3 处测定深度为 40 cm,传感器分别布设在 0 cm、5 cm、10cm、15 cm、20 cm 和 40 cm 土层深度处。

2.3.2　棉花形态生长指标

2.3.2.1　出苗过程与成苗率

每年于播后 4～7 d 开始调查各小区棉花的出苗过程,每穴只要有 1 粒棉籽萌发破土即计为出苗,至播后 18～20 d 结束,播后 20 d 调查每个小区棉苗的成活数。出苗率(%)=出苗穴数/播种穴数×100%,成苗率(%)=活苗穴数/播种穴数×100%,成活率(%)=活苗穴数/出苗穴数×100%。

2.3.2.2　株高与叶面积

棉花定苗后每个小区标记 5 棵有代表性的植株,每隔 10 d 用直尺测定 1 次株高和叶面积。其中,株高测定的是主茎高;叶面积测定的是叶片长(叶基红心至叶尖)和宽(以叶基红心为中心,垂直于叶长),仅测定主茎和果枝上的叶片,参照洪继仁等(1985)提出的折算系数 0.84 计算叶面积。叶面积指数(LAI)由式(2-3)计算:

$$LAI = 0.84\rho \sum_{i=1}^{m} \sum_{j=1}^{n} (L_{ij} \times B_{ij}) / (10^4 \times m) \tag{2-3}$$

式中:LAI 为叶面积指数;ρ 为棉花密度,株/m²;m 为测定的株数;n 为单株叶片总数;L 和 B 分别为叶片的长和宽,cm。

2.3.2.3　果枝数与棉铃发育

棉花现蕾期开始,每隔 10 d 调查 1 次标记植株的果枝数和蕾、铃数。于每年 7 月 15 日和 8 月 15 日,调查直径大于 2 cm 的成铃数(每个小区 10 株),其中,7 月 15 日以前的成铃为伏前桃,7 月 16 日至 8 月 15 日的成铃为伏桃,8 月 16 日以后的成铃为秋桃。

2.3.2.4　地上部干质量

在棉花苗期、蕾期、花铃前期、花铃盛期和花铃后期每个处理选 3 株有代表性植株取地上部,分成营养器官(叶、茎、果枝)和生殖器官(蕾、花、铃)并称取湿重,烘干后称取干重。

2.3.2.5　根系测定

采用根钻取样,根钻钻头直径为 7 cm,高度为 10 cm。取样时,以主根系为中心,共布设 5 个点(见图 2-3)。编号 1、编号 2、编号 3、编号 4、编号 5 分别表示主根处、窄行中线处、主根至宽行中线的中心处、宽行中线处、株间处。垂直向下每 10 cm 分一层,取样深度直到无根。取出的根样先在清水中浸泡 8～10 h,用 0.1 mm 孔径的网筛过滤并冲洗干净,然后用扫描仪(Epson Perfection V700)扫描成图片,最后将图片导入 WinRHIZO 根系分析软件中计算根系长度、直径、表面积等指标。此外,将扫描过的根系放入 75 ℃恒温干燥箱中烘干后称重。棉花苗期、蕾期、花铃盛期、花铃后期各取样 1 次。

2.3.3　棉花产量构成与纤维品质

在吐絮期测定各处理的百铃重和单株成铃数;以霜降日为界,之前采摘的棉花为霜前花,之后采摘的棉花为霜后花。每个小区去除边行,采收中间行测产。

每个小区选取不同采摘日期的棉花样送至农业农村部棉花品质监督检验测试中心测定上半部平均长度、整齐度指数、伸长率、断裂比强度和马克隆值等 5 项纤维品质指标。

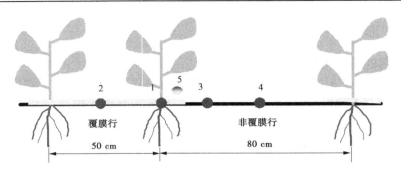

图 2-3　棉田根系测定取样点("●"为取样点)

2.3.4　环境因素

2.3.4.1　气象资料

由试验站内的自动气象站连续监测每小时的降水量、太阳辐射、空气温度、空气湿度、风速等。

2.3.4.2　太阳总辐射、净辐射

太阳总辐射、净辐射由安装在试验田 1.5 m 高度处的 LI200X 太阳总辐射传感器和 NR Lite2 太阳净辐射传感器测定,使用 CR1000 型数据采集器每小时自动记录 1 次数据,试验期间连续监测。

2.3.4.3　冠层内空气温湿度

由 4 个 CS215 型空气温湿度传感器分别测定宽行和窄行棉花冠层高度 2/3 处和距离地表 10 cm 处空气的温度和相对湿度。使用 CR1000 型数据采集器每小时自动记录 1 次数据,试验期间连续监测。

2.3.4.4　光合有效辐射

分别使用 LI-191SA 和 LI-190SA 光量子传感器观测棉花冠层上方的入射有效辐射和冠层底部的有效辐射。由 LI-1400 数据采集器每 15 min 间隔自动记录 1 次数据。

2.3.5　土壤物理特性

采用离心机法测定试验地土壤水分特征曲线,用水平土柱法测定土壤水分扩散率,用激光粒度分析仪(BT-9300)测定土壤粒径分布。试验区土壤物理特性见表 2-3。

表 2-3　试验区土壤物理特性

土层深度/ cm	粒径分布/%			土壤容积密度/ (g/cm³)	饱和含水率/ (cm³/cm³)	凋萎系数/ (cm³/cm³)
	0~0.002 mm	0.002~ 0.02 mm	0.02 mm 以上			
0~30	5.53	43.14	51.33	1.40	0.40	0.10
30~80	12.37	86.33	1.30	1.43	0.49	0.12
80~140	10.29	71.94	17.78	1.51	0.42	0.11
140~200	3.81	34.05	62.14	——	——	——

2.4　几项参数的确定方法

2.4.1　参照作物需水量

参照作物需水量(ET_0),采用 FAO 推荐的 Penman-Monteith 公式计算(Allen et al, 1998):

$$ET_0 = \frac{0.408\Delta(R_n - G) + \gamma\dfrac{900}{T_a + 273}u_2(e_s - e_a)}{\Delta + \gamma(1 + 0.34u_2)} \quad (2\text{-}4)$$

式中:ET_0 为参照作物需水量,mm/d;Δ 为饱和水汽压–温度曲线的斜率;R_n 为作物表面上的净辐射,$MJ/(m^2 \cdot d)$;G 为土壤热通量,$MJ/(m^2 \cdot d)$;T_a 为日均气温,℃;u_2 为 2 m 高度处的日均风速,m/s;e_s 为饱和水汽压,kPa;e_a 为实际水汽压,kPa;γ 为湿度计常数,kPa/℃。

以上几项参数均可通过每日的最高气温、最低气温、平均相对湿度、平均风速、日照时数等气象因子计算得出。

2.4.2　耗水量

作物生育期间的耗水量由水量平衡法计算,公式如下:

$$W_2 = W_1 + P + I + G_r - R - F - ET_c \quad (2\text{-}5)$$

式中:ET_c 为时段内作物耗水量,mm;W_2、W_1 分别为时段结束、开始时 0 ~ 100 cm 土层土壤储水量,mm;P、I 分别为时段内的降水量和灌水量,mm;G_r 为时段内地下水对作物根系的补给量,mm,由于试验区的地下水位较深,作物无法吸收利用,故忽略地下水补给;R 为时段内地表径流量,mm,试验区地势平坦,故无地表径流产生;F 为时段内根区深层渗漏量,mm,其计算方法为灌水(或降雨)前 100 cm 土层内有效土壤含水量(mm)+灌水量(或降水量,mm)-田间持水量(mm)(Ertek et al, 2006)。

2.4.3　水分利用效率

水分利用效率采用下式进行计算:

$$WUE = Y/ET_c \quad (2\text{-}6)$$

式中:WUE 为作物水分利用效率,kg/m^3;Y 为单位面积产量,kg/hm^2;ET_c 为作物生育期耗水量,m^3/hm^2。

2.4.4　土壤溶液电导率

土壤溶液电导率的计算公式(Hanson et al, 2008)如下:

$$EC_{sw} = EC_e \times \theta_s/\theta \quad (2\text{-}7)$$

式中:EC_{sw} 为土壤溶液电导率,dS/m;EC_e 为饱和泥浆浸提液电导率,dS/m,由式(2-2)计算;θ_s 为土壤饱和含水率,cm^3/cm^3;θ 为土壤实际含水率,cm^3/cm^3。

2.4.5　消光系数

消光系数与冠层的透射率和叶面积指数有关,计算公式如下:

$$k = -\ln\tau/LAI \tag{2-8}$$

式中:k 为消光系数;LAI 为叶面积指数;τ 为植物冠层对太阳辐射的透射率。

2.5　模型的评价指标

为了评价模型的模拟可靠性,引入了平均绝对误差(AAE)、平均相对误差(MRE)、标准误差(RMSE)和一致性系数(d)。4 项评价指标中,平均绝对误差(AAE)表征模拟值偏离实测值的大小;平均相对误差(MRE)反映模拟值偏离实测值的程度;标准误差(RMSE)说明样本的离散程度,表征模拟值的精密度;一致性系数 d 表示模拟值与实测值变化趋势的相似度。其计算公式如下:

$$AAE = \frac{1}{n}\sum_{i=1}^{n}|S_i - M_i| \tag{2-9}$$

$$MRE = \frac{1}{n}\sum_{i=1}^{n}|(S_i - M_i)/M_i| \times 100\% \tag{2-10}$$

$$RMSE = \sqrt{\frac{1}{n}\sum_{i=1}^{n}(S_i - M_i)^2} \tag{2-11}$$

$$d = 1 - \frac{\sum_{i=1}^{n}(S_i - M_i)^2}{\sum_{i=1}^{n}(|S_i - \bar{S}| + |M_i - \bar{M}|)^2} \tag{2-12}$$

式中:S_i 和 M_i 分别为模拟值与实测值;n 为成对数据的个数;$\bar{S}$ 和 $\bar{M}$ 分别为模拟值和观测值的平均值。

AAE、MRE 和 RMSE 愈接近 0,d 愈接近 1,模型模拟结果的可靠性愈高。

2.6　数据分析

采用 MS-Excel 和 DPS 数据处理系统进行数据处理和分析,多重比较采用 LSD 法,显著水平为 0.05。

第 3 章　覆膜棉田水、盐、温度、光分布特征及变化规律

　　棉田水分、盐分、温度和光照的分布特征与变化规律是影响棉花生长发育、产量、品质及土壤环境演变的重要因素。棉花生育期间，地膜覆盖、咸水灌溉、降雨、植株覆盖度、气象因子、人为管理措施等因素导致土壤水、盐、温度、光变化极为复杂，明确其分布特征与变化规律是揭示咸水灌溉对棉花生长与土壤质量影响效应的重要前提。

3.1　咸水灌溉条件下覆膜棉田水盐分布特征与变化规律

　　棉花生育期间，灌溉和降雨为棉田补充水分，土壤蒸发和植株蒸腾消耗棉田水分，供水与耗水共同决定了土壤水分含量的高低。不同的供水量（灌溉或降雨）及不同时期对不同土层的水分补给或消耗存在较大差异，导致棉花生育期间土壤水分分布和变化过程非常复杂。地膜覆盖改变土–气界面，致使水分入渗和蒸发过程发生重大变化；宽窄行种植，棉花根系不均匀分布，促使其对宽行和窄行的水分吸收不一致，这必然导致棉田不同点位土壤水分存在差异。

　　水分是盐分的溶剂和载体，盐分随着水分运动而运动，但与水分的运动轨迹又不完全一致，"盐随水来，盐随水去；盐随水来，水散盐留"是盐分运行受水分运行支配的基本规律。盐分运动受气候影响明显，每个气候区都有其自身的盐分运动规律。就本书而言，地膜覆盖（避盐）、灌溉（带入盐分）、降雨（淋盐）、土壤蒸发（返盐）、根系吸水（聚盐）等人为、自然和作物因素导致棉花生育期间土壤盐分分布特征和运移过程极为复杂。

　　本节将从不同土层、不同点位和不同时期 3 个方面阐述咸水灌溉下覆膜棉田水分（土壤质量含水率）和盐分（土水比 1:5 悬浊液电导率）的时空变化规律。

3.1.1　棉花生育期间不同土层土壤水盐变化规律

3.1.1.1　土壤水分

　　图 3-1 和图 3-2 分别给出了 2012—2014 年棉花生长期间的供水量及不同土层土壤水分（覆膜行与裸露行均值）的动态变化过程，显而易见，3 个棉花生长季内土壤水分变化过程与灌水和降雨情况密不可分。现以 2012 年为例，重点分析棉花生育期内各处理不同土层的水盐变化规律。

　　2012 年，4 个处理各土层的土壤含水率变化趋势基本一致，在蕾期（播种后 43 d）、花铃盛期（播种后 79 d）、花铃后期（播种后 121 d）和吐絮期（播种后 177 d）分别出现了一次大的波谷，其中，最低波谷出现在棉花营养生长和生殖生长并盛的花铃盛期（播种后 79 d）。除蕾期波谷后进行了灌水外，其余每次波谷之后都出现了较大强度的降雨，及时补充了土壤水分。棉花生育期间各处理供水时间和供水量完全一致，因此土壤含水率的差

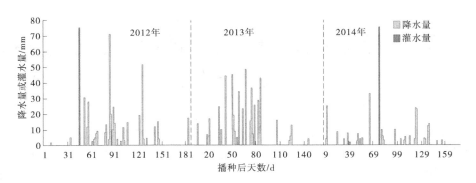

图 3-1 2012—2014 年棉花生育期间降水量与灌水量

异不大。然而,4 个处理在 0~20 cm、0~40 cm、0~60 cm 土层的土壤含水率都呈现了随灌溉水矿化度的增加而增大的趋势。以 0~40 cm 土层为例,全生育期 S2 处理、S3 处理和 S4 处理的平均土壤含水率比 S1 处理分别提高了 5.45%、7.45% 和 7.70%,这与处理间棉花植株长势不同所导致的耗水差异有关。

棉花生育期内,同一处理棉田 0~20 cm、0~40 cm、0~60 cm 和 0~100 cm 等 4 个土层的土壤水分呈现了相似的波动规律,但波动幅度随着土层深度的增加而减小。以 S3 处理为例,棉花生育期间 0~20 cm、0~40 cm、0~60 cm 和 0~100 cm 土层水分的变异系数分别为 15.24%、10.59%、7.53% 和 4.82%。出现这种情况的原因,一是土壤蒸发和植株根系吸水主要消耗上层土壤水分,有学者研究指出棉花根系约 70% 以上分布在 0~40 cm 土层(刘凤山 等,2011;平文超 等,2011);二是降雨或灌溉优先补给上层土壤水分。各层土壤水分总体上表现为棉花生长初期和后期土壤水分变化较为平缓,中期起伏变化较大。以 0~40 cm 土层为例,萌发出苗和幼苗期(5 月 3 日至 6 月 2 日,降水量为 1.9 mm)30 d 内,S1 处理、S2 处理、S3 处理、S4 处理的土壤水分仅分别下降了 7.86%、8.55%、7.48% 和 9.69%;然而,在初始土壤含水率相似的情况下,花铃期(7 月 12—20 日,降水量为 0.3 mm)8 d 内,S1 处理、S2 处理、S3 处理、S4 处理的土壤水分则分别下降了 30.45%、24.70%、18.26% 和 19.12%。其原因是棉花生育初期和后期耗水量与供水量均较小,而棉花生育中期耗水量大,且供水也集中在这一时期。

对 2013 年和 2014 年而言,棉田土壤水分呈现了与 2012 年相似的变化规律,即 4 个灌水处理土壤水分的变化趋势一致,土壤水分受供水和耗水的影响而出现波动,波动幅度随着土层深度的增加而降低。然而,每年供水和棉花耗水不同,导致年际间土壤水分变化过程的差异很大。其中,2013 年棉花生育期内无灌水,降雨是唯一的供水方式,由于降雨主要集中在 8 月中旬之前,促使这一阶段各土层土壤水分波动较小,且均处于较高水平,8 月中旬之后,降雨较少,导致各层土壤水分明显降低。2014 年棉花生育期间供水量较小,致使试验期内各处理棉田 0~20 cm、0~40 cm、0~60 cm 和 0~100 cm 土层的平均土壤水分含量都明显低于 2012 年和 2013 年。

3.1.1.2 土壤盐分

图 3-3 显示了 2012—2014 年棉花生育期内不同土层土壤盐分的动态变化过程。由图 3-3 可以看出,试验期间 4 个处理任一土层土壤盐分的变化趋势总体上较为一致,均呈

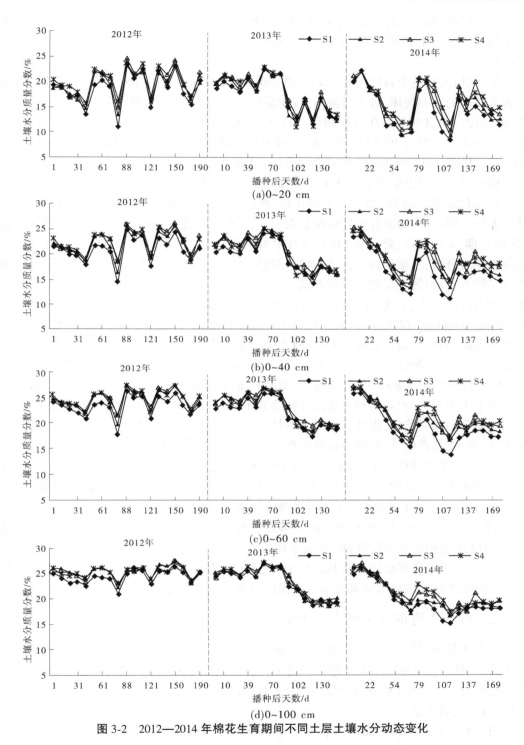

图 3-2　2012—2014 年棉花生育期间不同土层土壤水分动态变化

现出随着灌溉水矿化度的增加而增大的趋势,这是因为灌溉水矿化度愈高,带入土壤的盐分愈多。以 0～40 cm 土层为例,2012—2014 年试验期间 S2 处理、S3 处理和 S4 处理的平均土壤盐分比 S1 处理分别增加了 9.98%～36.22%、42.32%～89.51% 和 70.57%～139.50%。

同一处理,棉花生育期内 0～20 cm、0～40 cm、0～60 cm 和 0～100 cm 土层的土壤盐分呈现了相似的波动规律,且土层愈深,波动幅度愈小(2014 年 S1 处理除外)。以 S3 处理为例,2012—2014 年棉花生育期间 0～20 cm、0～40 cm、0～60 cm 和 0～100 cm 土层土壤盐度的变异系数分别为 19.53%～58.06%、14.94%～40.21%、12.96%～34.55% 和 10.18%～30.79%,其中,2013 年变化幅度最大,2014 年变化幅度最小。

棉田某一土层土壤盐分变化主要受棉花蒸发蒸腾耗水(聚集盐分)、灌水(带入、淋溶盐分)和降雨(淋洗盐分)影响。不同年份,棉花生育期间,植株耗水规律基本恒定,灌水情况亦较为固定,而降雨和蒸发情况复杂多变,因此土壤盐分波动幅度的大小主要由降雨(降雨日期、降雨强度、降水量)和大气蒸发力决定。由图 3-1 可知,2012 年,棉花生育期间降雨相对分散,土壤盐分起伏波动较为频繁,即各土层土壤盐分被降雨淋洗降低后又都出现了回升,但总体上呈现了脱盐趋势,土层深度愈小,脱盐效果愈明显。2013 年,棉花生育期内降水量大,且相对集中(7 月至 8 月中旬),由于降雨的淋洗,促使 0～20 cm、0～40 cm、0～60 cm 和 0～100 cm 土层的土壤盐分都呈现了明显的脱盐趋势,且脱盐后没有出现大幅回升,至该年试验结束时,S1 处理、S2 处理、S3 处理、S4 处理各土层土壤盐分比播种时均大幅降低,以 0～40 cm 土层为例,4 个灌水处理的土壤盐分依次降低了 53.39%、27.74%、55.80% 和 58.49%。2014 年,棉花生育期间降水量低于往年,且在花铃期补灌了 1 次水,导致各处理土壤盐分始终处于高位波动之中,并未出现大幅度下降,但由于降雨分布相对均匀,促使各土层土壤盐分波动较为平缓,至该年试验结束时,与播种时相比,仅 S1 处理脱盐,其他处理均出现了不同程度的盐分累积。

自 2012 年棉花播种至 2014 年试验结束,S1 处理、S2 处理、S3 处理和 S4 处理分别按照设定的灌溉水矿化度(1 g/L、3 g/L、5 g/L 和 7 g/L),共灌水 4 次,灌水总量为 300 mm,其中,矿化度为 3 g/L、5 g/L、7 g/L 的灌溉水带入了大量的盐分,但 2014 年试验结束时,S2 处理、S3 处理和 S4 处理 0～20 cm、0～40 cm、0～60 cm 和 0～100 cm 等 4 个土层土壤盐分比 2012 年播种时均有所降低,并未呈现出盐分累积,这主要得益于降雨淋洗,尤其是 2013 年(丰水年)降雨淋洗。本书结论在一定程度上说明,在降雨较为丰富的河北低平原区开展适量矿化度的咸水灌溉基本可以保证根系层土壤盐分平衡。

3.1.2　棉花生育期间不同点位土壤水盐变化规律

由上文分析可知,棉花生育期间 4 个灌水处理各土层土壤水分与盐分变化趋势均基本一致,此处仅以 5 g/L 灌水处理(S3 处理)为例,阐述丰水年(2013 年)和干旱年(2014 年)棉田不同点位土壤水分与盐分的变化过程(见图 3-4)。

3.1.2.1　土壤水分

图 3-4 给出了 2013—2014 年棉花生育期间 S3 处理棉田不同点位土壤水分的动态变化过程,其中,S3-1、S3-2、S3-3、S3-4 分别对应图 2-2 中的取样点 1、2、3、4。从图 3-4 可以看出,棉花生育期间同一土层上不同点位土壤水分存在差异,且这种差异因棉花不同生

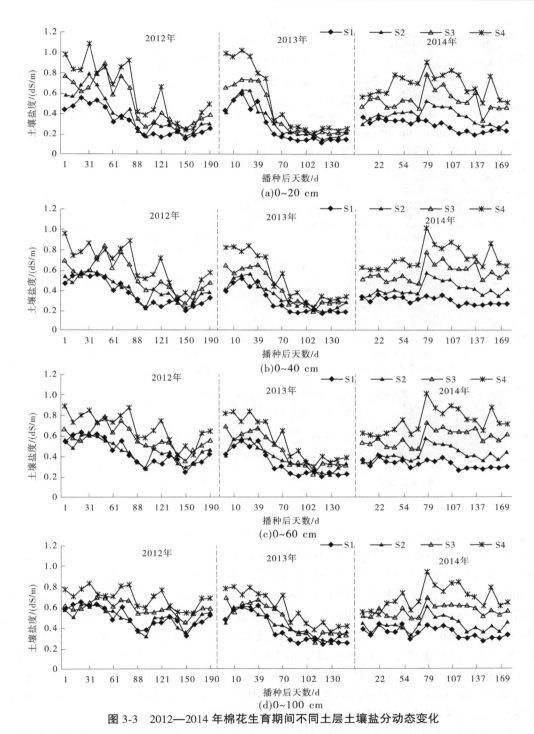

图 3-3 2012—2014 年棉花生育期间不同土层土壤盐分动态变化

育阶段和不同土层深度而区别很大。

棉花生育前期,即苗期和现蕾期(播后 50 d),0～10 cm 土层土壤水分自覆膜行向裸

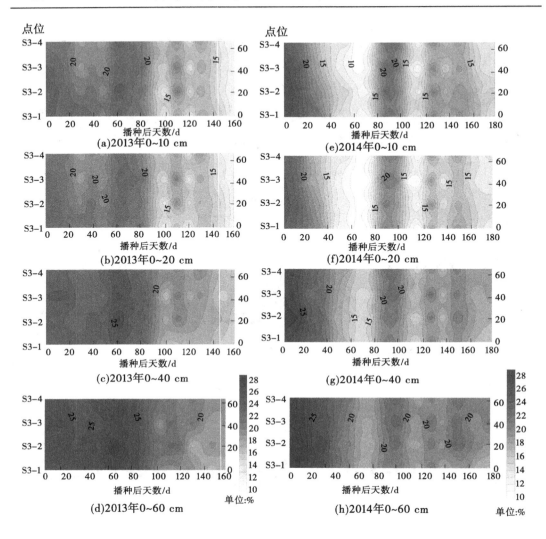

图 3-4　2013—2014 年棉花生育期间不同点位土壤水分动态变化

注:图中纵坐标(右轴)为水平方向上(自覆膜行中心至裸露行中心)相对于覆膜行中心的距离(cm),图 3-5 同此。

露行依次递减,2013 年 S3-2、S3-3、S3-4 处平均土壤水分比 S3-1 处分别减少了 3.62%、7.80%、10.62%;2014 年分别减少了 3.18%、11.82%、15.82%。此外,0~10 cm 土层内覆膜行土壤水分的波动幅度小于裸露行,2013 年和 2014 年 S3-1 处土壤水分的变异系数比 S3-4 处分别降低了 44.46% 和 2.58%。出现此种情况的原因是这一时期棉花植株非常小,棉田耗水以土壤蒸发为主,地膜覆膜可以抑制土壤蒸发、保蓄土壤水分,由此促使覆膜行土壤水分高于裸露行,且变化过程较为平缓。0~20 cm 土层各点位土壤水分的变化规律与 0~10 cm 土层一致,但彼此间的差异减小,如 2014 年 S3-2 处、S3-3 处、S3-4 处平均土壤水分仅比 S3-1 处分别减少了 2.92%、8.27%、8.76%;0~40 cm 及其以下土层 4 个点位土壤水分的差异非常小,最大差距不足 3%。由此说明,地膜覆膜的保墒效应主要体现在 0~20 cm 土层,原因是地膜覆膜主要通过抑制土壤蒸发起到保墒作用,而土壤蒸发消耗的主要是上层土壤水分。

棉花生育中后期,即花铃期和吐絮期(播后 60 d 至当年试验结束),除较为干旱的 2014 年 0~10 cm 土层内覆膜行土壤水分高于裸露行外,2013 年所有土层及 2014 年 0~20 cm、0~40 cm 和 0~60 cm 土层内均是裸露行的平均土壤水分高于覆膜行。究其原因,一是此时期棉花植株大,植株蒸腾耗水比例大于土壤蒸发,而覆膜为棉花生长初期提供了良好的水分环境,覆膜行根系密度可能较大,致使水分吸收利用相对较多;二是地膜覆盖不利于降雨,尤其是强度较小的降雨直接入渗以补给水分。

3.1.2.2　土壤盐分

图 3-5 显示了 2013—2014 年棉花生育期间 S3 处理棉田不同点位土壤盐分的动态变化过程。由图 3-5 可以看出,地膜覆盖诱导棉田盐分呈现了明显的不均匀分布。丰水年(2013 年)和干旱年(2014 年),棉花生育期内覆膜行中心处的土壤盐分基本上均低于裸露行中心处。以 0~20 cm 土层为例,2013 年和 2014 年试验期间 S3-1 处的平均土壤盐分比 S3-4 处分别降低了 19.58% 和 17.12%,原因是地膜覆盖的保墒抑蒸作用抑制了盐分向覆膜行土壤聚集。由于地膜覆盖的保墒抑蒸效果主要体现在棉花生育前期,促使 S3-1 处与 S3-2 处的土壤盐分差异在棉花生育前期较大,生育后期较小。两个棉花生长季内同一土层土壤盐分在横向上(覆膜行至裸露行)的变化规律并不完全一致。2013 年棉花生育中前期(播后 80 d)S3-2 点处土壤盐分呈现了严重的表聚现象,即 0~20 cm 土层最高盐分并没有出现在裸露行中心处,而是出现在覆膜行的边缘处,20 cm 以下土层间的差异较小;棉花生育中后期(播后 80 d 至结束)各层土壤盐分得到了充分淋洗,横向上各点的差距相应减小,自覆膜行中心向裸露行中心土壤盐分总体上呈现了依次递减的趋势。2014 年,棉花整个生育期内任一土层内覆膜行两个取样点(S3-1 和 S3-2)处的土壤盐分均低于裸露行的两个取样点(S3-3 和 S3-4)处,其中,在棉花生育前期这种情况最为明显。

2013 年棉花生长前期覆膜行边缘(S3-2)处盐分严重表聚的原因可能有以下两点:一是天气情况,降雨尤其是小雨时土壤水盐自裸露行向覆膜行运移,晴天时与之相反,当阴雨天与晴天频繁交替时,可能导致土壤盐分滞留了覆膜行中心至裸露行中心的某一位置处;二是土壤蒸发,取样点 S3-2 处接近放苗孔,放苗孔土壤蒸发返盐不容忽视。然而,2014 年并未出现与 2013 年相似的情况,这主要是因为 2014 年棉花生长季天气较为干旱,降雨相对分散,有充足的时间达到盐分分布再平衡。

从以上分析可以看出,咸水灌溉条件下棉田不同点位土壤水盐的差异主要是由地膜覆盖导致的,地膜覆盖的保墒抑蒸发和抑制盐分表聚效应促使膜下土壤水盐环境优于膜外。地膜覆盖的这种作用在干旱年份大于丰水年份、棉花生长前期大于中后期。

3.1.3　典型时期土壤水盐剖面分布特征

为了探究土壤水分在垂直方向上的分布特征,选取了典型干旱时期与湿润时期、灌水前与灌水后及连续降雨时期等 3 组情况,分析 0~200 cm 土壤剖面水分和盐分(覆膜行与裸露行均值)分布特征。干旱时期与湿润时期分别选取 2012 年 7 月 20 日(播后 79 d)与 7 月 29 日(播后 88 d);灌水前、后时期分别选取 2014 年 7 月 14 日(灌水前 2 d)与 7 月 20 日(灌水后 3 d);连续降雨时期选取 2013 年 6 月 28 日至 8 月 10 日,期间累积降水量为 319.4 mm,仅以 S3 处理为例分析。

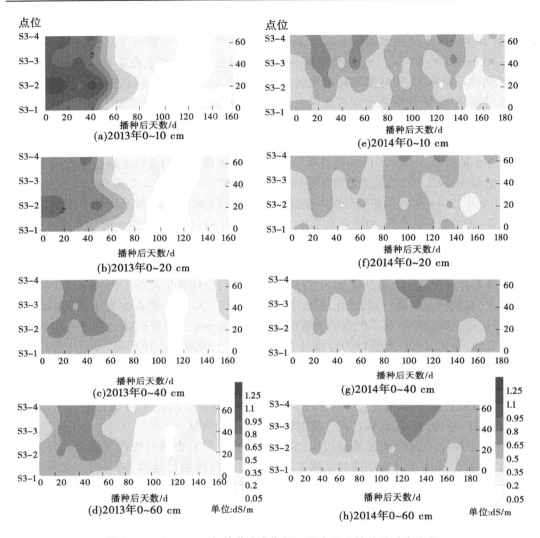

图 3-5　2013—2014 年棉花生育期间不同点位土壤盐分动态变化

3.1.3.1　干旱时期与湿润时期土壤水盐剖面分布

图 3-6 所示为 2012 年干旱时期与湿润时期土壤水分剖面分布特征。由图 3-6(a)可以看出,干旱时期各处理棉田 0~200 cm 土壤含水率随土层深度的变化特征均是"增—减—增—减",即地表含水率最低,下层逐渐增大,在 60~80 cm 处达到最大峰值,之后减小、再增加,在 120~140 cm 处达到第二峰值,随后再次下降。此时期,0~100 cm 土层内处理间土壤含水率的差异明显,高矿化度咸水灌溉处理的土壤含水率大于低矿化度灌水处理,如 S1 处理和 S2 处理 0~100 cm 土层的平均含水率比 S3 处理分别降低了 12.30% 和 6.78%。100~200 cm 土层,各处理间土壤含水率的差异很小。

由图 3-6(b)可知,降雨后的湿润时期各处理棉田土壤含水率随土层深度的变化趋势与干旱时期基本一致。两个时期的不同之处,一是各土层含水率均有不同程度的提高,尤其是 0~100 cm 土层,S1 处理、S2 处理、S3 处理和 S4 处理的平均含水率比干旱时期分别

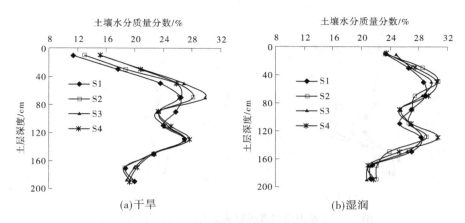

图 3-6　干旱时期和湿润时期土壤水分剖面分布特征

提高了 28.77%、25.49%、16.71% 和 22.14%;二是第一个极大峰值出现的土层深度上移,在 40~60 cm 处。

　　无论是干旱时期还是湿润时期,土壤含水率在垂直方向上呈现的分布特征主要由两个因素引起。一是土壤的非均质性(见表 2-3),一般而言,土壤持水性有随着黏粒的减少而降低的趋势(Yang et al,2002)。二是棉花蒸发蒸腾耗水,棉花根系主要分布在 0~40 cm 土层内,土壤蒸发和植株蒸腾会优先消耗该土层的储水,这是上层土壤含水率较低的一个重要原因。此外,土壤水分运动过程还受到土壤盐分浓度和土壤温度的影响,杨劲松(1992)通过试验发现灌溉水的盐分浓度对土壤水力传导特性具有一定的影响;李春友等指出在一定含水量下导水率随温度升高而增加。可见,处理间土壤盐分和温度的差异亦是导致水分不同的一个重要原因。

　　对比图 3-7(a)和图 3-7(b)可以看出,干旱时期和湿润时期各处理土壤盐分剖面分布的差异主要体现在 0~140 cm 土层。其中,0~20 cm 土层,干旱时期 S1 处理、S2 处理、S3 处理和 S4 处理的盐分含量比湿润时期分别增加了 73.21%、115.13%、79.76% 和 76.16%。这表明干旱时期各处理土壤盐分表聚现象明显,原因是蒸发较为强烈,土壤中的盐分随水沿土壤空隙上升到地表,水分蒸发后,盐分在地表积累;湿润时期表层土壤脱盐效应显著,主要由降雨淋洗所致。20~140 cm 土层,干旱时期各处理土壤盐分随着深度的增加呈现了“降—增—降—增”的趋势,盐分主要集中在 60~80 cm(除 S4 处理外)和 120~140 cm 土层;湿润时期则表现为“增—降—增”的变化特征,盐分主要累积在 40~60 cm 和 120~140 cm 土层。由于两个观测日之间的降水量较大(116.3 mm),各处理的盐分均得到不同程度的淋洗,与干旱时期相比,湿润时期 S1 处理、S2 处理、S3 处理和 S4 处理 0~100 cm 土层的盐分含量分别降低了 14.84%、20.67%、17.68% 和 13.13%。同土壤水分一致,两个时期土壤盐分剖面分布特征也主要是由土壤质地、降雨和棉花蒸发蒸腾耗水共同引起的。

3.1.3.2　灌水前、后土壤水盐剖面分布

　　图 3-8 显示了 2014 年棉花花铃期灌水前和灌水后 4 个处理棉田土壤水分剖面的分布特征。由图 3-8 可以看出,无论灌水前还是灌水后,4 个处理的土壤水分在垂直方向上(随土层深度)的变化趋势基本一致。由图 3-8(a)可知,灌水前土壤非常干旱,其 0~200

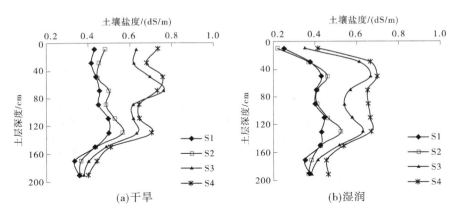

图 3-7　干旱时期和湿润时期土壤盐分剖面分布特征

cm 土壤水分剖面的分布特征与图 3-6(a) 相似,即各处理棉田地表含水率最低,向下逐渐增大,在 60~80 cm 处达到最大峰值,之后减小、再增加,在 120~140 cm 处达到第二峰值,随后再次下降。

由图 3-8(b) 可知,与灌水前相比,灌水后各处理 0~60 cm 土层水分含量明显增加,其中,S1 处理、S2 处理、S3 处理、S4 处理分别增加了 27.33%、41.16%、30.27%、26.42%,然而,60 cm 以下土层水分含量及其分布特征与灌水前相比并无大的变化。说明此次灌水主要补给了上层(0~60 cm)土壤水分,未对下层(60 cm 以下)土壤水分形成有效补给。

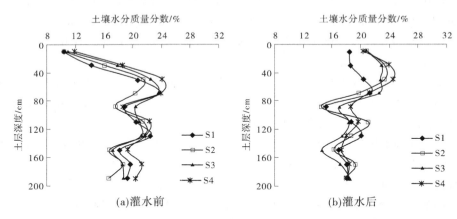

图 3-8　灌水前和灌水后土壤水分剖面分布特征

图 3-9 给出了灌水前、后与土壤水分相应的土壤盐分剖面分布特征。由图 3-9(a) 可以看出,灌水前各处理土壤盐分随土层深度的变化趋势一致,土壤剖面盐分值随着灌溉水矿化度的增加而增大,且彼此间的差异主要表现在 0~120 cm 土层。其中,0~60 cm 土层和 60~120 cm 土层内,S2 处理、S3 处理、S4 处理的平均土壤盐度比 S1 处理分别增加了 21.27%、44.59%、102.19% 和 19.36%、31.19%、48.18%。120 cm 以下土层,处理间的盐分差异很小。

由图 3-9(b) 可以看出,与灌水前相比,灌水后土壤剖面盐分分布发生了明显变化,且

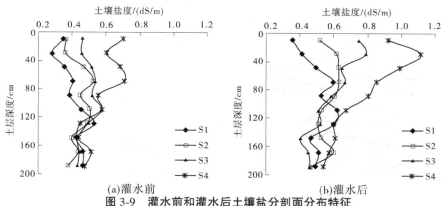

(a)灌水前　　　　　　　　　(b)灌水后
图 3-9　灌水前和灌水后土壤盐分剖面分布特征

各处理土壤盐分随土层深度的变化趋势亦不再同步。原因是 4 个矿化度的灌溉水挟带的盐分量不一致,在入渗过程中对土壤盐分再分布产生的影响不同。由于灌溉水带入盐分,各处理土壤剖面上的盐度值均有不同程度的增加,且上层土壤增加的幅度大于下层土壤(除 S1 处理外)。其中,0~60 cm 土层和 60~120 cm 土层内,灌水后 S1 处理、S2 处理、S3 处理、S4 处理的平均盐分比灌水前分别增加了 28.66%、47.97%、54.32%、52.75%和41.60%、19.63%、9.46%、27.09%。

通过对灌水前、后土壤水分剖面与盐分剖面的分析可知,灌水后仅 0~60 cm 土层水分含量明显增加,60 cm 以下土层水分含量变化很小,然而,灌水后 0~60 cm、60~120 cm甚至 120~200 cm 土层的盐度值均有不同程度的增加,说明此次灌水对土壤水分的影响程度小于盐分。灌水前上层土壤含水率非常低,可以吸持、容纳较多的水分,加之棉花根系主要集中在 0~60 cm 土层,根系可以截留、吸持较多的水分,由此导致这次灌水对水分剖面的影响主要体现在上层土壤。尽管灌水后 60 cm 以下土层含水率未明显增加,但土体内部各层土壤之间的水分交换与传输时刻存在,这就为盐分的对流-水动力弥散运移提供了通道,土壤盐离子并不仅仅随着水分从湿润土壤向干旱土壤运动,还从盐分浓度高处向盐分浓度低处运移,由此导致土壤盐分运移轨迹与水分并不完全一致。

3.1.3.3　连续降雨时期土壤水盐剖面分布

图 3-10 显示了 2013 年连续降雨阶段 S3 处理土壤水分与盐分剖面的分布特征。这一阶段累积降水量为 319.4 mm,其中,6 月 28 日至 7 月 8 日降水量为 44.3 mm,7 月 9—20 日降水量为 117 mm,7 月 21—29 日降水量为 73.2 mm,7 月 30 日至 8 月 10 日降水量为 84.9 mm。

由图 3-10(a)可以看出,这一阶段几个时期的土壤水分剖面分布特征基本一致,随着土层深度的增加均呈现了"增—降—增—降—增"的变化趋势。经过连续降雨后,土壤水分含量有所增加,但增加的幅度并不大,尤其是 0~100 cm 土层。原因是初始时期(6 月28 日)0~200 cm 土壤剖面上各点的含水率已比较高,其中 0~100 cm 土层的平均含水率为 25.98%,100~200 cm 土层的平均含水率为 21.25%。至 8 月 10 日,0~100 cm 和 100~200 cm 土层的平均含水率仅分别增加了 0.69%和 3.42%。

由图 3-10(b)可知,连续降雨阶段不同时期的土壤盐分剖面分布差异很大,其中,6 月

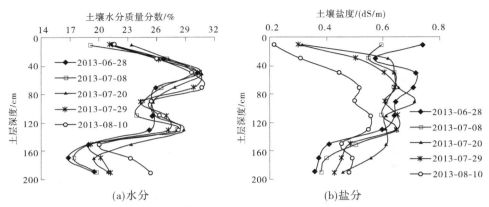

图 3-10　连续降雨阶段 S3 处理土壤水分与盐分剖面分布特征

28 日和 7 月 8 日土壤盐分随土层深度的变化趋势基本一致,但 7 月 20 日发生了重大变化,即 7 月 9—20 日的降雨促使土壤剖面中的盐分进行重新分布。6 月 28 日至 8 月 10 日,0~100 cm 土层的平均土壤盐度逐渐降低,100~200 cm 土层的平均土壤盐度先增加后降低,可见这一阶段的降雨对土壤盐分进行了充分的淋洗,淋洗深度已达 200 cm。与 6 月 28 日相比,8 月 10 日 0~100 cm 土层土壤盐度降低了 41.12%,100~200 cm 土层盐度增加了 5.88%,说明相当一部分盐分已淋洗出 0~200 cm 土层,受到土壤夹层的影响,这些盐分将很难再返回 0~100 cm 土层影响作物生长。从 2013 年棉花生育期间土壤盐分动态变化过程(见图 3-5)亦可看出,经过这一阶段的降雨淋洗,各处理 0~100 cm 土体内的盐分均明显降低,之后虽然降雨减少,土壤含水率降至很低水平,但 0~100 cm 土层内的盐分含量并未明显回升。

3.2　咸水灌溉条件下覆膜棉田土壤温度变化规律

土壤温度作为农田生态系统的主要因子之一,与土壤水分、盐分的分布和运动密切相关。影响土壤温度变化的因素众多,如太阳辐射、空气温度、地面覆盖、土壤含水率、土壤孔隙度等。不同矿化度的咸水灌溉导致土壤理化性状与棉花植株长势呈现出了差异,促使处理间土壤温度有所不同;采用地膜覆盖方式植棉,覆膜处改变了土壤与大气的水热交换过程,必然导致棉田土壤温度出现不均匀分布。本节将从不同角度详细阐述咸水灌溉条件下覆膜棉田土壤温度的变化特征。2012—2014 年,由于每年棉花生育期间各处理棉田土壤温度呈现了相似的时空变化规律,因此本书仅以单个棉花生长季为例进行分析。

3.2.1　不同灌水处理棉田土壤温度变化规律

3.2.1.1　棉花生育期间土壤温度逐日变化

图 3-11 显示了 2012 年不同灌水处理棉田地表、地下 5 cm 和地下 15 cm 处土壤温度(覆膜行与裸露行均值)的逐日变化过程。显而易见,棉花生育期间 4 个灌水处理不同深度处土壤温度的逐日变化过程一致,且任一时期 4 个处理同一深度处的土壤温度值也都

非常接近。出现这种情况的原因,一是试验过程中对各处理进行了移栽补苗,棉花种植密度完全一致;二是灌水时期和灌水量一致,处理间的土壤水分含量差异不大。

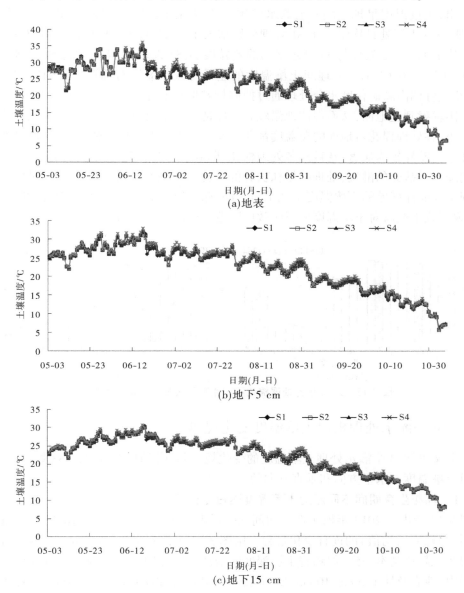

图 3-11　2012 年不同灌水处理棉田土壤温度逐日变化

3.2.1.2　棉花不同生育阶段平均土壤温度变化

尽管棉花生育期间不同灌水处理土壤温度的逐日变化过程非常接近,但由于处理间土壤盐分差异较大,促使棉花植株长势并不一致,由此导致处理间的土壤温度呈现出了一定的差异。

图 3-12 给出了棉花不同生育阶段各处理棉田 5 cm 和 15 cm 深度处覆膜行与裸露行

日均土壤温度的变化特征。由图 3-12 可以看出,灌溉水矿化度对土壤温度产生了一定的影响,但影响幅度较小。以 5 cm 深度处为例,蕾期灌溉水矿化度对土壤温度的影响效应相对突出,土壤温度呈现了随着灌溉水矿化度的增加而增大的趋势,S2 处理、S3 处理和 S4 处理 5 cm 土层处日均温度比 S1 处理分别增大了 0.24 ℃、0.71 ℃和 1.01 ℃;就全生育期平均值而言,S2 处理与 S1 处理之间的差异很小,S3 处理和 S4 处理比 S1 处理分别提高了 0.31 ℃和 0.61 ℃。处理间土壤温度的差异与咸水灌溉对棉花生长的影响效应相关,棉花生育期内高矿化度水分处理通过抑制棉花叶面积增长,降低了地面覆盖度,这有利于太阳辐射到达地面,从而促使地温较高。此情况在未封行的蕾期尤为明显,因为苗期植株较小,各处理棉花对地面的覆盖度都非常小;蕾期灌溉了 1 次水,盐分胁迫导致处理间植株生长差异较为显著;花铃期各处理棉花开始陆续封行,完全覆盖住了地面,加之这一时期降雨对盐分的淋洗,处理间植株长势的差异有所减小。棉花不同生育时期 4 个灌水处理 15 cm 深度处的土壤温度呈现了与 5 cm 深度处相似的变化规律,但处理间的差异减小,说明咸水灌溉对土壤温度的影响效应随着土层深度的增加而减弱。

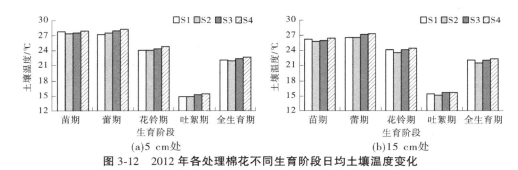

图 3-12　2012 年各处理棉花不同生育阶段日均土壤温度变化

3.2.2　同一灌水处理棉田土壤温度变化规律

由上文可知,4 个灌水处理土壤温度的变化规律非常相似,本节仅以 S3 处理为例,阐述棉田土壤温度在水平方向和垂直方向的变化规律。

3.2.2.1　棉花生育期间不同深度土壤温度逐日变化特征

图 3-13 给出了 2013 年棉花生育期间 S3 处理 0~100 cm 土层不同深度处土壤温度(覆膜行与裸露行均值)的逐日变化过程。由图 3-13 可以看出,试验期间不同深度处土壤温度的变化趋势基本一致,但随着土层深度的增加,土壤温度的变化幅度趋于平缓。棉花生育期内,地表及地下 5 cm、10 cm、15 cm、20 cm、40 cm、60 cm、80 cm、100 cm 深度处日均土壤温度的变异系数分别为 26.33%、23.86%、22.87%、21.88%、20.62%、16.39%、13.26%、11.72%、11.29%。

自棉花播种至试验结束,不同深度处土壤温度均呈现了先波动增加后降低的趋势,其中地表处土壤温度最高的月份是 6 月,100 cm 深度处土壤温度最高的月份是 8 月,其他深度处土壤温度最高的月份是 7 月。在棉花植株覆盖度较小的 7 月底之前,土壤温度呈现了随着土层深度的增加而降低的趋势;之后随着植株覆盖度的增大,不同土层间土壤温度的差异逐渐减小;至 9 月中旬以后,随着气温的逐渐降低,土壤温度逐渐呈现出随着土

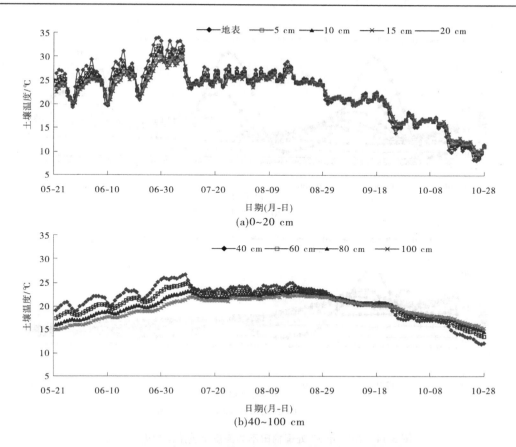

(a)0~20 cm

(b)40~100 cm

图 3-13　2013 年 S3 处理棉田不同深度土壤温度逐日变化特征

层深度的增加而增大的趋势。

3.2.2.2　典型时期不同深度土壤温度日变化特征

图 3-14 显示了 2013 年棉花苗期连续晴天和连续阴雨天 S3 处理棉田不同深度处土壤温度(覆膜行与裸露行均值)的日变化特征。显而易见,无论晴天还是阴雨天,土壤温度的日波动幅度均随着土层深度的增加而减小。就晴天而言,地表及地下 5 cm、10 cm、15 cm、20 cm 深度处土壤温度的日变化呈现了明显的正弦函数波动形式,其中,地表温度峰值出现在每日 14:00 前后,土层深度每增加 10 cm,土壤温度峰值出现的时间推迟 2~3 h。40 cm 及以下深度处土壤温度的日变化过程非常不明显,最大日变幅尚不足 1 ℃。与晴天相比,阴雨天气地表及地下 5 cm、10 cm、15 cm、20 cm 深度处土壤温度的日变化幅度明显降低,40 cm、60 cm、80 cm 和 100 cm 深度处的土壤温度变化与晴天时类似,变化幅度仍非常小。

3.2.2.3　典型时期土壤剖面温度分布特征

图 3-15 显示了 2013 年不同时期晴朗天气 S3 处理棉田土壤剖面温度(覆膜行与裸露行均值)分布特征。可以清晰地看出,5—10 月的 6 个观测日,0~100 cm 土壤剖面上的温度分布由随着土层深度不断降低,逐渐演化为随着土层深度不断升高;土壤剖面上温度的波动幅度呈现了先降低后增加的趋势,其中,5 月最大,9 月最小。就整个土壤剖面上平均土壤温度而言,6 个观测日由大至小的顺序分别为 8 月 17 日、7 月 16 日、6 月 15 日、9 月

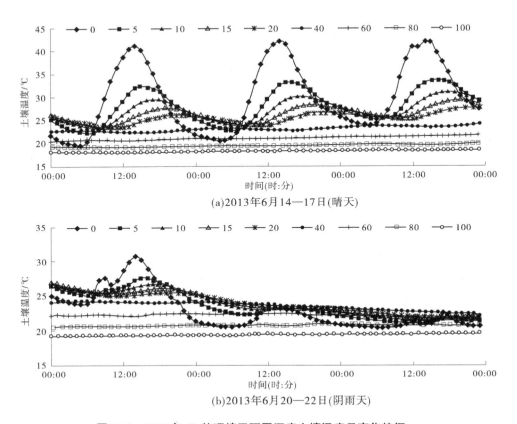

(a)2013年6月14—17日(晴天)

(b)2013年6月20—22日(阴雨天)

图 3-14　2013 年 S3 处理棉田不同深度土壤温度日变化特征

18 日、5 月 23 日、10 月 18 日。

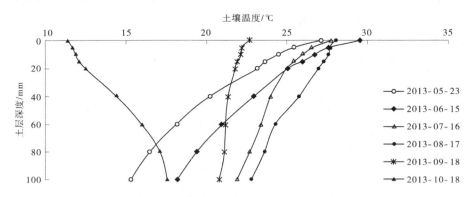

图 3-15　2013 年不同时期晴朗天气 S3 处理棉田土壤剖面温度分布特征

3.2.2.4　棉花生育期间不同点位土壤温度变化特征

图 3-16 所示为 2014 年棉花生育期间 S3 处理棉田不同点位(S3-1、S3-2、S3-3、S3-4 表示自覆膜行中心至裸露行中心均匀布设的 4 个点)土壤温度变化特征。由图 3-16 可以看出,膜下(S3-1 处和 S3-2 处)土壤温度总体上高于膜外(S3-3 处和 S3-4 处),这是因为覆膜消除或减弱了土壤与大气之间的显热和潜热交换,且有效抑制了地面长波辐射,具

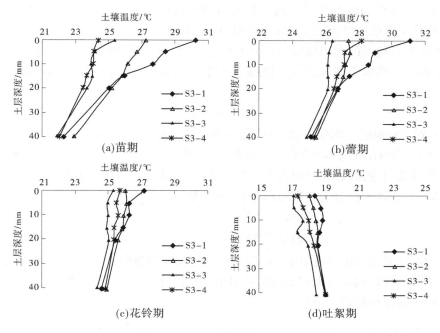

图 3-16 2014 年棉花生育期间 S3 处理棉田不同点位土壤温度变化特征

有明显的增温和保温作用。覆膜的增温效果在棉花不同生育阶段差异很大,苗期最明显,其次是蕾期,花铃期最不明显。棉花苗期、蕾期、花铃期、吐絮期 4 个生育阶段,S3-1 处 0~40 cm 的日均土壤温度比 S3-4 处分别增加了 2.99 ℃、1.15 ℃、0.55 ℃和 0.62 ℃。原因是随着作物覆盖度的增加及薄膜的老化破损,地膜覆盖的增温保温效果有所降低。覆膜的增温效果在不同土层深度处亦呈现了很大的差异,0~40 cm 土层内,其增温效应基本上是随着土层深度的增加而减弱的。

由图 3-16 还可看出,即使同处在膜下,棉花生育期内 S3-2 处的土壤温度明显低于 S3-1 处,原因是布设点 S3-2 临近棉花植株,破膜放苗、盖土封孔及植株覆盖遮挡等因素减弱了薄膜的增温保温效应。与之相似,虽同处在裸露处,但除苗期之外,其余时期 S3-3 处的土壤温度亦明显低于 S3-4 处,原因也是布设点 S3-3 靠近棉花植株,受植株覆盖遮光影响较大。

3.3 覆膜棉田地表光分布特征

由 3.2 节可知,灌溉水矿化度对土壤温度的影响并不大,但同一灌水处理棉田宽行(裸露行)和窄行(覆膜行)土壤温度差异非常大,这种差异是土壤水盐横向运动的重要驱动因子。太阳辐射是土壤-植物-大气系统能量的来源,透过植物冠层到达地面的辐射与土壤水盐运动和温度变化息息相关。本书棉花采用宽窄行种植模式,同一时期,植株对宽行和窄行的地表覆盖度是不一致的,促使宽行和窄行地表接收的太阳辐射存在很大差异。本节以 5 g/L 灌水处理(S3)为例进行阐述。

图 3-17 显示了 2014 年棉花不同生长时期到达冠层顶部、宽行地表和窄行地表的太阳辐射(图中 S 为单株叶面积)。显而易见,棉田地面接收的太阳辐射明显小于冠层顶部,并且到达宽行地面的太阳辐射明显大于窄行地面。原因是棉花冠层反射和吸收了一部分太阳辐射,植株覆盖度愈高,冠层对太阳辐射反射和吸收得愈多。到达地面的太阳辐射可由下式表示:

$$R_s = R_u \tau \qquad\qquad (3\text{-}1)$$

式中:R_s 为到达地面的太阳辐射;R_u 为冠层顶部的太阳辐射;τ 为冠层的透射率。

由图 3-17 实测结果计算可知,在一天中,冠层透射率并不是一成不变的,而是随着太阳高度角的变化而变化的;整个棉花生育期间,冠层的日均透射率随着叶面积指数(LAI)的增加而减小,二者可拟合为指数回归方程,公式如下:

$$\tau_w = 1.034 e^{-0.91LAI} \qquad\qquad R^2 = 0.982 \qquad\qquad (3\text{-}2)$$

$$\tau_n = 0.802 e^{-0.65LAI} \qquad\qquad R^2 = 0.958 \qquad\qquad (3\text{-}3)$$

式中:τ_w 为宽行棉花冠层的透射率;τ_n 为窄行棉花冠层的透射率;LAI 为叶面积指数。

获取了覆膜棉田冠层对太阳辐射的透射率,即可计算出到达地面的太阳净辐射,从而为土壤水盐运移模拟创造了条件。

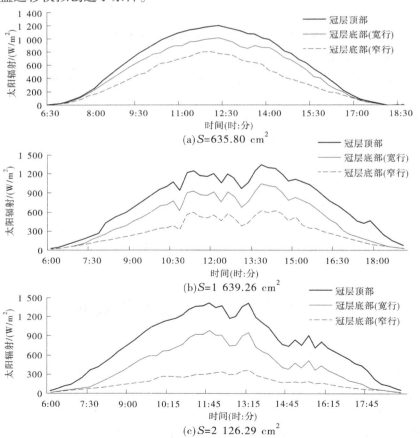

图 3-17　不同时期棉花冠层顶部及宽行地表和窄行地表的太阳辐射

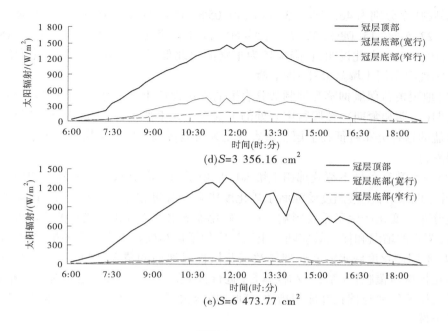

续图 3-17

3.4　小　结

（1）3 年试验研究表明,咸水灌溉棉田水盐呈现了明显的年内变化和年际变化。棉花生育期内,4 个灌水处理棉田水盐变化趋势基本一致,时间上,各处理土壤水分和盐分均随着降雨、灌溉、棉花蒸发蒸腾而起伏波动;空间上,不同时期土壤剖面上水分和盐分呈现了不同的分布特征,土层深度愈小,水盐变化愈剧烈。然而,4 个灌水处理棉田水盐含量有所不同,土壤水分与盐分均呈现出随着灌溉水矿化度的增加而增加的趋势,土壤盐分尤为明显。

不同水文年型,咸水灌溉棉田水盐含量和变化规律存在很大差异。2012 年(平水年)棉花播种至现蕾,降水量不足 10 mm,补灌 1 次水,根系层水分较低,盐分较高;蕾期之后降水量增大,根系层水分适宜,盐分处于淋洗—返盐的交替变化之中;与播种时相比,棉花收获后各处理主要根系层发生脱盐。2013 年(丰水年)棉花蕾期和花铃前期降雨充沛,根系层水分充足,盐分得到充分淋洗;花铃盛期和吐絮期降水量较小,根系层水分消耗很大,盐分未明显增加;试验结束时各处理不同土层盐分含量都明显降低。2014 年(干旱年)苗期降水量相对较大,根系层水盐含量适中;蕾期之后降雨明显少于往年,补灌 1 次水,根系层水分较低,盐分聚集;试验结束时仅 1 g/L 灌水处理脱盐,3 g/L、5 g/L、7 g/L 灌水处理均形成积盐。

棉田土壤盐分未随着灌溉年限的增加而累积,与 2012 年棉花播种时相比,2014 年试验结束时各处理土壤盐分均有所减低。其中,1 g/L、3 g/L、5 g/L、7 g/L 灌水处理 0～20

cm 土层脱盐率分别为 46.35%、43.60%、40.05%、47.45%;0～40 cm 土层脱盐率分别为 42.39%、22.59%、15.08%、32.75%;0～60 cm 土层脱盐率分别为 43.34%、18.90%、7.20%、19.79%。由此说明,在降雨较为丰富的河北低平原区开展适量矿化度的咸水灌溉可以实现根系层土壤盐分补-排平衡。

(2)地膜覆盖保墒抑蒸和抑制盐分表聚的作用促使土壤水盐产生不均匀分布。棉花生长前期(苗期和蕾期),覆膜行中心处的土壤水分大于裸露行,土壤盐分恰好相反,覆膜棉田水盐的这种分布特征在上层土壤表现尤为明显;蕾期以后,覆膜行土壤水分和盐分均低于裸露行。

(3)咸水灌溉条件下覆膜棉田土壤温度呈现了随着灌溉水矿化度的增加而增大的趋势,但并不明显,即土壤温度受灌溉水矿化度影响的程度很小。相比之下,地膜覆盖对土壤温度分布和变化产生了重要影响。任一矿化度灌水处理棉田覆膜行的土壤温度均大于裸露行,覆膜的增温和保温效应随着土层深度的增加和棉花生育进程的推进而逐渐减小。

(4)不同矿化度咸水灌溉处理导致棉花植株对地面的覆盖度呈现差异;宽窄行植棉促使棉花植株对覆膜行(窄行)和裸露行(宽行)的覆盖度不一致。通过对光分布的观测,建立了冠层透射率与棉花叶面积指数之间的拟合关系,为深入开展土壤水热盐耦合研究提供了条件。

第 4 章　棉花生长对咸水灌溉的响应特征

作物生长发育过程与土壤水、肥、气、热、盐状况密切相关,当土壤环境发生变化时,作物生长即会做出响应。由第 3 章可知,不同矿化度咸水灌溉对土壤水盐环境产生了重要的影响,势必导致棉花生长做出一定的响应。明确咸水灌溉对棉花生长的影响机制对于合理开发和高效利用咸水至关重要,为此这方面的研究受到了众多学者的关注。与其他作物相比,棉花生长受气温、湿度、日照等气象因素的影响较大,而且咸水灌溉条件下土壤水盐变化过程亦受降雨、日照、气温等因素的高度影响,由此导致不同年份及同一年份不同时期咸水灌溉对棉花生长的影响可能会出现较大差异。本章从棉花成苗、地上部与地下部生长、产量性状与纤维品质等方面详细论述了 2012—2014 年棉花生长对咸水灌溉的响应特征,并结合气象因素对处理间差异的原因进行分析。

4.1　咸水灌溉对棉花成苗的影响

不同矿化度咸水造墒灌溉带入土壤的盐分首先影响棉籽萌发出苗过程与成苗,成苗率的大小直接关乎着产量的高低,是评价咸水灌溉可行性的重要指标之一。

4.1.1　咸水灌溉对棉花出苗进程的影响

图 4-1 显示了 2012—2014 年不同矿化度灌水处理棉花的出苗过程。由图 4-1 可以看出,同一年份,棉花出苗进程随着灌溉水矿化度的增加而滞后,即灌溉水矿化度愈高,破土出苗时间愈晚。以 2013 年为例,播后第 4 天,S1 处理的出苗率达到了 62.96%,S2 处理、S3 处理和 S4 处理的出苗率分别为 34.26%、12.04% 和 4.94%;至播后第 11 天,S1 处理和 S2 处理的出苗率达到了最大值,然而,在调查的 18 d 内,S3 处理和 S4 处理的出苗率一直在增加。不同年份,同一灌水处理棉花的出苗进程并不一致,以播后第 7 天为例,2012 年 S1 处理、S2 处理、S3 处理、S4 处理的出苗进程(当日出苗率/最终出苗率×100%)分别为 89.72%、84.85%、62.60%、57.32%;2013 年依次为 96.56%、91.25%、62.34%、40.35%;2014 年依次为 68.92%、63.48%、47.67%、29.02%。由此可见,2014 年棉花的出苗进程最慢,2012 年和 2013 年相对较快。

4.1.2　咸水灌溉对棉花成苗率的影响

4.1.2.1　出苗率与成苗率

表 4-1 列出了 2012—2014 年不同矿化度水分造墒处理棉花播后 18~20 d 的出苗率与成苗率。由表 4-1 可知,每年棉花的出苗率均随灌溉水矿化度的增加而降低,其中,2012 年 4 个处理间的差异最大,S2 处理、S3 处理、S4 处理的出苗率比 S1 处理分别降低了 6.39%、12.76% 和 44.32%,方差分析结果显示,S2 处理与 S1 处理间的差异不显著,S3 处

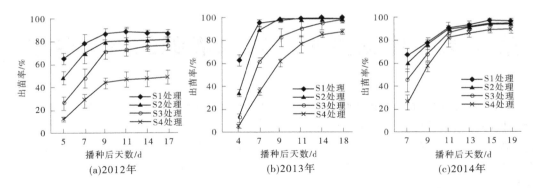

图 4-1　2012—2014 年不同灌水处理棉花的出苗过程

理和 S4 处理与 S1 处理间的差异达显著水平。相比之下,2013 年和 2014 年处理间的出苗率相差较小,尤其是 S1 处理、S2 处理、S3 处理间的差异未达显著水平,S4 处理与 S1 处理间的差异虽达到了显著水平,但 2013 年、2014 年 S4 处理的出苗率比 S1 处理仅依次降低了 10.94% 和 6.99%,降低幅度明显低于 2012 年。

表 4-1　2012—2014 年不同矿化度灌水处理棉花的出苗率与成苗率　　　　　%

处理	2012 年		2013 年		2014 年		3 年均值	
	出苗率	成苗率	出苗率	成苗率	出苗率	成苗率	出苗率	成苗率
S1	87.04a	82.72a	98.77a	96.30a	96.06a	93.06a	93.96a	90.69a
S2	81.48ab	79.01a	98.77a	95.99a	94.44ab	91.44a	91.56a	88.81a
S3	75.93b	71.3b	97.53a	96.30a	94.21ab	90.74a	89.22a	86.11a
S4	48.46c	45.06c	87.96b	86.42b	89.35b	85.65b	75.26b	72.38b

注:同列不同小写字母代表处理间差异达到 0.05 显著水平,下同。

由表 4-1 还可看出,处理间棉花的成苗率呈现了与出苗率一致的变化特征,并且与出苗率相比,未明显下降。计算可知,4 个处理出土棉苗的成苗率 2012 年为 92.98% ~ 96.97%,2013 年为 97.19% ~ 98.73%,2014 为 95.85% ~ 96.87%,显而易见,棉苗成活率并未明显受到灌溉水矿化度的影响。

就 3 年的均值而言,S2 处理、S3 处理的出苗率和成苗率虽有所降低,但与 S1 处理间的差异都不显著,然而,S4 处理的出苗率和成苗率均显著低于 S1 处理。考虑到棉花是经济作物,过低的成苗率无法保证经济效益,若将相对于淡水处理(S1)成苗率的 90% 作为控制指标,由 3 年试验的均值可知,3 g/L、5 g/L 灌溉水可用于棉花播前造墒,7 g/L 灌溉水不适宜直接用于造墒植棉。

4.1.2.2　成苗率差异影响因素分析

2012—2014 年棉花播前均采用了不同矿化度水分进行造墒灌溉,且播后覆盖地膜保墒,由此促使棉花萌发出苗期各处理土壤水分较为充足,但盐分差异较大,可见,土壤盐分是导致各处理棉花出苗和成苗差异的重要因素。水分作为盐分的溶剂和载体,盐分对作物的离子毒害、渗透胁迫等危害需以水分作为媒介才能显现出来,故本章在阐述土壤盐分对作物生长的影响时均采用土壤溶液电导率表征。

图 4-2(a)给出 2012—2014 年棉花出苗阶段覆膜行 0~20 cm 土层的土壤溶液电导率（播后第 1 天、第 10 天和第 20 天的均值）。由图 4-2(a)可以看出,任一棉花生长季内,S2 处理的土壤溶液电导率与 S1 处理间的差异很小,S3 处理和 S4 处理均大于 S1 处理,且逐渐递增。土壤溶液电导率越大,棉籽吸水、膨胀和发芽越困难,成苗率亦越低。不同棉花生长季,与 2012 年相比,2014 年各处理棉花的出苗进程较为缓慢,然而最终成苗率却明显提高,原因是 2014 年出苗阶段气温偏低[见图 4-2(b)],但降水量较大[见图 4-2(c)],土壤溶液电导率非常小。对比 2013 年和 2014 年可见,2 年的降水量接近,2013 年土壤溶液电导率高(不利因素)、土壤温度高(有利因素),在水盐和温度因素的博弈下,2 年各处理棉花的成苗率较为接近。

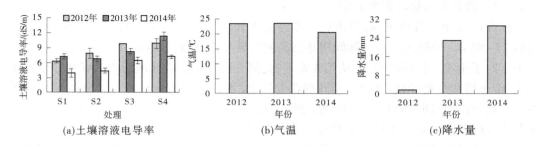

图 4-2　2012—2014 年不同灌水处理出苗阶段耕作层土壤水盐与气象因素

4.2　咸水灌溉对棉花地上部生长的影响

当根际层土壤水、热、盐改变时,棉花地下部会将土壤环境变化信息及时传导至地上部,促使地上部生长发育做出适当的响应。株高、叶面积、果枝数、蕾铃发育、地上部干质量等指标与产量形成过程密切相关,明确咸水灌溉对这些指标的影响机制非常有意义。

4.2.1　咸水灌溉对株高的影响

4.2.1.1　株高增长过程

株高是反映作物生长性状的有效指标,图 4-3 给出了 2012—2014 年不同灌水处理棉花株高的生长动态。由图 4-3 可知,任一棉花生长季内,各处理棉花株高的增长过程基本一致,符合 Logistic 生长曲线,都是前期生长较为缓慢,中期生长迅速,打顶后基本不再生长。棉花株高整体上随着灌溉水矿化度的增加而减小,但任一时期 S2 处理的株高与 S1 处理间的差异很小,而 S3 处理和 S4 处理明显低于 S1 处理。2012—2014 年,与 S1 处理的最终株高相比,S2 处理与之基本一致,S3 处理依次降低 20.03%、12.02%、8.11%,S4 处理分别降低 21.46%、17.48%、14.57%。由此说明,3 g/L 微咸水灌溉对棉花最终株高未产生明显影响,5 g/L 和 7g/L 咸水灌溉则对棉花株高产生了明显抑制作用,且这种抑制作用在年际间的差异较大,2012 年最为明显,2014 年最不明显。

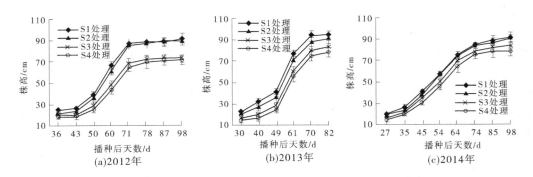

图 4-3　2012—2014 年不同灌水处理棉花株高生长动态

4.2.1.2　株高差异影响因素分析

株高增长期在打顶之前,打顶后基本停止生长,2012—2014 年棉花的打顶时间均在播后 75~80 d。处理之间及年际间棉花株高的差异与株高增长期内根际层土壤水盐状况有关。对于土壤水盐环境而言,从第 3 章可知,同一棉花生长季处理间的土壤水分差异并不大,但土壤盐分差异较为明显;不同棉花生长季,各处理的土壤水分与盐分差异均较明显。由此可推断,同一棉花生长季,处理间棉花生长的差异主要由土壤盐分引起,年际间棉花生长的差异则是由土壤水分和盐分共同引起的。

株高增长期的棉花根系主要分布在 0~40 cm 土层,图 4-4 显示了 2012—2014 年株高增长期间各处理 0~40 cm 土层的土壤水分与土壤溶液电导率。同一棉花生长季,株高增长期间 S2 处理的土壤溶液电导率与 S1 处理间的差距非常小,但 S3 处理和 S4 处理明显大于 S1 处理,由此导致 S2 处理的株高与 S1 处理几乎一致,而 S3 处理和 S4 处理的株高明显低于 S1 处理。年际间,对于土壤水分而言,2013 年最大,其次是 2012 年,2014 年最小,但 2012 年和 2014 年的差异并不大。对于土壤溶液电导率而言,2013 年和 2014 年任一灌水处理的土壤溶液电导率都非常接近,且均小于 2012 年。年际间土壤水盐的这种差异,促使 2013 年和 2014 年各处理的株高整体上大于 2012 年。此外,与 2012 年相比,2013 年 S3 处理和 S4 处理的土壤溶液电导率分别降低了 21.47% 和 18.09%,2014 年 S3 处理和 S4 处理的土壤溶液电导率分别降低了 15.67% 和 15.26%,即 2013 年和 2014 年 S3 处理和 S4 处理的盐分胁迫作用明显小于 2012 年,由此使得 2012 年 S3 处理和 S4 处理

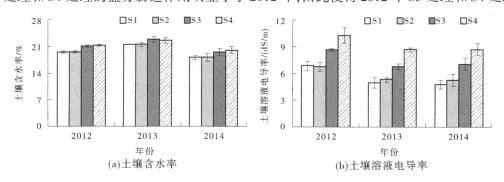

图 4-4　2012—2014 年株高增长期主要根系层土壤水分与盐分

的株高与 S1 处理和 S2 处理间的差距比较大,而 2013 年和 2014 年相应差距相对较小。

4.2.2 咸水灌溉对叶面积指数的影响

4.2.2.1 叶面积动态变化过程

叶面积指数是作物群体结构的重要指标之一,适宜的叶面积指数是植株充分利用光能,提高产量的重要途径之一,在各处理棉花密度相同的情况下,单株叶面积的变化规律与叶面积指数一致。图 4-5 所示为 2012—2014 年不同灌水处理棉花单株叶面积变化过程。由图 4-5 可以看出,任一棉花生长季内,4 个灌水处理棉花单株叶面积的动态变化过程基本一致,但总体上均呈现出随灌溉水矿化度增加而减小的趋势,其中,S2 处理与 S1 处理间的差异很小,S3 处理和 S4 处理明显低于 S1 处理。以单株叶面积最大值为例,与 S1 处理相比,S2 处理、S3 处理、S4 处理 2012 年分别降低了 4.88%、17.39%、25.40%,2013 年分别降低了 7.61%、11.96%、18.38%,2014 年分别降低了 -2.07%、24.87%、32.77%。可见,3 g/L 微咸水灌溉对棉花叶面积的生长未产生明显影响,而 5 g/L 和 7 g/L 咸水灌溉则明显抑制了叶面积生长。

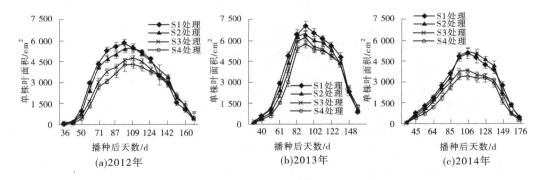

图 4-5 2012—2014 年不同灌水处理棉花单株叶面积变化过程

由图 4-5 还可看出,不同棉花生长季,同一灌水处理的棉花叶面积呈现了较大差异,以棉花生育期间的单株叶面积峰值为例,4 个灌水处理都是 2013 年最大,2014 年最小,2012 年居中。与 2014 年棉花生育期间叶面积最大值相比,S1 处理、S2 处理、S3 处理、S4 处理 2012 年分别高出 14.01%、6.25%、25.36%、26.51%,2013 年分别高出 38.58%、25.44%、62.40%、68.25%。此外,棉花生育期内高矿化度水分处理(主要是 S3 处理和 S4 处理)与低矿化度水分处理(S1 处理)间的差异在年际间亦有明显不同,整体而言,2014 年差异最大,其次是 2012 年,2013 年最小。

同一棉花生长季,由于受到降雨、蒸发、灌水等因素的影响,促使同一处理的水盐含量及 4 个处理间的水盐差异在棉花不同生育阶段的变化很大,从而导致棉花生育期内处理间叶面积的差异并不恒定。以 2012 年和 2014 年为例,表 4-2 列出了不同生育时期各处理棉花单株叶面积的方差分析结果。就 2012 年而言,苗期 S2 处理的叶面积与 S1 处理间的差异不显著,S3 处理和 S4 处理显著低于 S1 处理;蕾期 S2 处理、S3 处理、S4 处理的叶面积均显著低于 S1 处理;花铃初期 S2 处理、S3 处理、S4 处理的叶面积仍都显著低于 S1

处理,但自花铃中期开始 S2 处理与 S1 处理间的差异不显著,自花铃后期开始 S3 处理与 S1 处理间的差异亦变为不显著;吐絮期 S2 处理、S3 处理、S4 处理的叶面积都已赶上甚至大于 S1 处理。咸水灌溉棉花的叶面积生长表现出了一定的"后发优势",虽然促使其增长速率慢,但衰减得亦较慢。整体而言,咸水灌溉对叶面积的影响效应在棉花生育前期较为明显,中后期逐渐减弱。2014 年,咸水(5 g/L 和 7 g/L)灌溉对棉花生育期间叶面积生长的影响效应与 2012 年总体上相似,但亦有所差异。2014 年咸水灌溉对叶面积变化的影响表现为:苗期较小,蕾期至花铃后期逐渐增大,吐絮期开始降低,与 2012 年相比,负面影响的时间向后推迟。

表 4-2　不同生育时期各处理棉花单株叶面积方差分析结果

年份	生育时期	日期(月-日)	S1	S2	S3	S4
2012	苗期	06-07	63.14a	58.43a	40.06b	39.63b
	蕾期	06-21	1 017.95a	802.41b	575.29c	402.22c
		07-01	2 915.20a	2 431.67b	1 643.96c	1 280.66d
	花铃期	07-19	5 270.11a	4 691.53b	3 747.43c	3 083.56d
		08-08	5 764.47a	5 408.94ab	4 543.62bc	4 248.84c
		08-24	5 161.37a	5 056.24a	4 539.09ab	4 097.95b
	吐絮期	09-10	3 421.91a	3 930.72a	3 520.74a	3 533.96a
		09-28	1 561.55b	1 975.22a	2 036.13a	2 077.29a
		10-09	1 083.54a	1 350.52a	1 384.73a	1 428.68a
2014	苗期	05-28	75.768a	78.38a	70.18a	51.13b
	蕾期	06-15	725.71a	681.73a	525.14b	424.15b
		06-24	1 250.85a	1 127.40ab	919.47bc	717.83c
	花铃期	07-14	2 749.30a	2 528.11ab	2 325.06b	1 849.68c
		07-14	3 559.09a	3 287.92ab	2 911.34bc	2 577.00c
		08-15	5 056.115a	5 160.54a	3 798.49b	3 399.07b
	吐絮期	09-06	4 253.62a	4 624.35a	3 395.53b	3 273.07b
		09-27	2 736.57a	2 283.25a	2 090.47ab	1 629.49b
		10-14	1 304.80a	1 334.04a	813.48a	723.13a

4.2.2.2　叶面积差异影响因素分析

与株高相似,不同年份处理之间棉花叶面积的差异主要是由棉花生育期间根系层土壤水盐状况导致的。根据棉花根系分布特征,将苗期和蕾期主要根系层定为 0～40 cm,花铃期和吐絮期主要根系层定为 0～60 cm。图 4-6 给出了 2012—2014 年各处理棉花不同生育阶段主要根系层土壤水分与土壤溶液电导率。由图 4-6 可以看出,同一棉花生长季,棉花各生育阶段的土壤溶液电导率都是随着灌溉水矿化度的增加而增大的,这是叶面积总体上随着灌溉水矿化度的增加而减小的原因。年际间,整体而论,2013 年各处理的土壤含水率居中、土壤溶液电导率最小,2012 年土壤含水率最高、土壤溶液电导率居中,2014 年土壤含水率最小、土壤溶液电导率最大,说明 2014 年棉花遭受的水盐联合胁迫强度最大,2013 年最小。由此导致 2014 年各处理棉花的单株叶面积最小,2013 年最大。

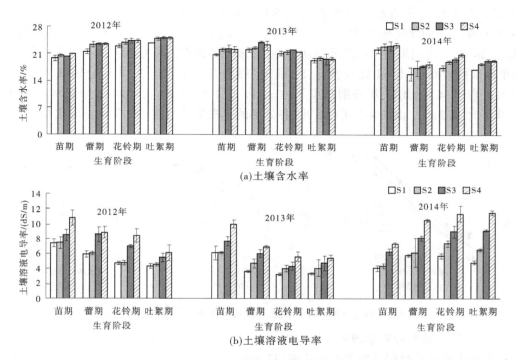

图 4-6 2012—2014 年各处理棉花不同生育阶段主要根系层土壤水分与土壤溶液电导率

对单个棉花生长季而言,2012 年播种前和蕾期各灌了 1 次水,不同灌水处理带入了不等量的盐分,导致苗期和蕾期各处理的土壤盐度均较大,彼此间的差异亦较明显;之后由于降雨淋洗盐分,花铃期和吐絮期各处理的土壤溶液电导率不断降低,且彼此间的差异逐渐减小。这正是处理间叶面积的差异在蕾期和苗期最明显,花铃期开始逐渐降低的原因。2013 年棉花生育期间降水量非常大,土壤盐分得到了充分的淋洗,导致各处理的土壤溶液电导率随着棉花生育进程的推进逐渐减小,彼此间的差异逐渐降低,这是该年各处理叶面积普遍偏大,且处理间差异较小的原因。2014 年苗期以后降雨非常少,土壤较为干燥,盐分未得到有效淋洗,而且花铃初期的灌水新带入了盐分,导致各处理的土壤溶液电导率自苗期至花铃期逐渐增大。这是处理之间叶面积的差异在苗期较小,蕾期至花铃后期逐渐增大的原因。

棉花叶面积的变化过程除受土壤水盐状况影响外,还与棉花自身的耐盐特性有关。郑元元(2007)研究指出,棉花的耐盐性以萌发出苗时期最小,随着生育进程而不断提高,但在蕾期和初花期有所下降,至花铃盛期为最强。

4.2.3　咸水灌溉对果枝数的影响

4.2.3.1　果枝数增长过程

果枝是棉花植株上能开花结铃的枝,适宜的果枝数量是保证成铃数、实现棉花高产的重要前提。图4-7 显示了 2012—2014 年 4 个灌水处理棉花单株果枝数的增长进程,由图4-7 可以看出,任一棉花生长季,咸水灌溉对果枝数增长进程均产生了一定的负面影响,且这种影响效应随着灌溉水矿化度的增大而增强、随着生育期的推进而减弱。以2014 年为例,现蕾期(播后 45 d)S1 处理的果枝数显著高于 S3 处理和 S4 处理,打顶前(播后 74 d)处理间果枝数的差异已明显缩小,最终各处理的果枝数差异并不大。就最终的单株果枝数而言,与 S1 处理相比,S2 处理、S3 处理、S4 处理 2012 年分别减少了 -0.3台、0.8 台、1.4 台,2013 年分别减少了 -0.4 台、0.1 台、0.4 台,2014 年分别减少了 0.5台、0.8 台、1.2 台。由图4-7 还可看出,各处理的单株果枝数在年际间的差异很小。

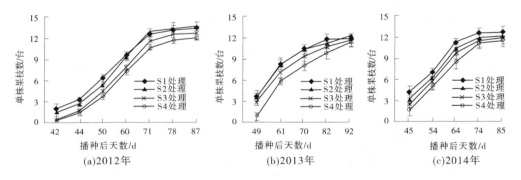

(a)2012年　　　　　　　(b)2013年　　　　　　　(c)2014年

图 4-7　2012—2014 年不同灌水处理棉花单株果枝数增长进程

4.2.3.2　果枝数差异影响因素分析

果枝数的增长时期是现蕾至初花期(打顶时),处理之间果枝数的差异与这一时期根际层土壤水盐状况有关。由图4-8 可以看出,同一棉花生长季,果枝数增长期间根系层土壤溶液电导率均是随着灌溉水矿化度的增加而增大的,由此导致了果枝数增长进程随着灌溉水矿化度的增加而减缓。但 S2 处理的最终果枝数量并没有比 S1 处理明显降低,甚至大于 S1 处理,S3 处理和 S4 处理的最终果枝数量则均低于 S1 处理,原因是 S2 处理的土壤盐度与 S1 处理间的差异很小,S3 处理和 S4 处理与 S1 处理间的差异较为明显。年际间,土壤水分和盐分的不同并没有导致果枝数产生明显差异。

4.2.4　咸水灌溉对棉铃生长的影响

4.2.4.1　棉铃生长状况

伏前桃和伏桃数反映了棉花的早熟性和丰产性,但棉花要高产,仍需要一定比例的秋桃。图4-9 给出了 2012—2014 年不同矿化度灌水处理棉花的"三桃"组成,由图4-9 可以看出,各处理"三桃"比例在年际间的差异非常明显。2012 年,随着灌溉水矿化度的增加,伏前桃数逐渐降低,秋桃数先增加后降低,伏桃数则大致相当;4 个处理都是伏桃最多,S1处理、S2 处理、S3 处理、S4 处理伏桃数占总成铃数的比例分别为 62.70%、61.95%、

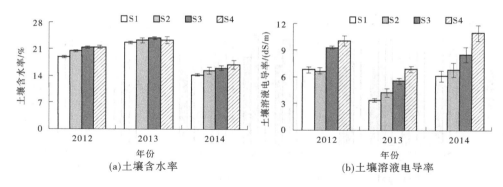

图 4-8　2012—2014 年果枝数增长期主要根系层土壤水分与盐分

61.08%、64.46%；除 S1 处理秋桃少于伏前桃外,其余处理秋桃数量都大于伏前桃。2013 年,4 个灌水处理的伏前桃数均为 0,伏桃亦很少,秋桃最多,S1 处理、S2 处理、S3 处理、S4 处理秋桃所占比例分别为 85.52%、86.35%、86.24%、87.05%。2014 年,"三桃"组成情况与 2012 年相似,但秋桃所占的比例明显低于 2012 年。就总成铃数而言,同一棉花生长季处理间的差异并不大,年际间的差异相对较大。

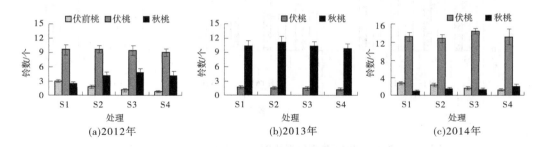

图 4-9　2012—2014 年不同灌水处理棉铃生长状况

4.2.4.2　棉铃生长差异影响因素分析

由图 4-10 可以看出,同一棉花生长季,除个别时期 S2 处理的土壤溶液电导率小于 S1 处理外,土壤溶液电导率总体上随着灌溉水矿化度的增加而增大。然而,仅伏前桃数随着灌溉水矿化度的增加而降低,即与其形成时期的盐分胁迫作用相吻合,但伏桃、秋桃及总成铃数与灌溉水矿化度并没有直接关系。由此说明,伏前桃的形成受土壤盐分的影响较为明显,原因是土壤盐分对棉花前期生长产生了较大的抑制作用,在一定程度上延缓了棉花的生育进程。而伏桃、秋桃及总成铃数与土壤盐分的关系相对不够密切,其原因是棉花的耐盐性随着生育进程而不断提高,至花铃盛期耐盐能力上升为最强(郑元元,2007)。年际间,2014 年棉铃形成期间各处理土壤含水率最低,土壤溶液电导率最大,但各处理的成铃数并不比 2012 年和 2013 年低,原因是棉铃在生长过程中易受环境因素的影响而发生脱落,影响蕾铃脱落的外部环境条件除土壤水、肥、盐因素外,还包括气温、湿度、光照、降雨等气象因子。结合表 4-3 给出的不同时期影响棉铃形成的气象因素及图 4-10 给出的不同时期土壤水盐状况,即可对年际间棉铃生长的差异做出解释。

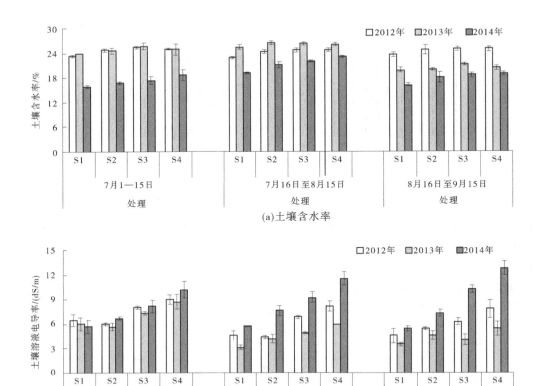

图 4-10 2012—2014 年棉铃形成时期主要根系层土壤水分与盐分

表 4-3 2012—2014 年棉铃形成时期影响蕾铃脱落的环境因素

形成时期	年份	冠层日均气温/℃	冠层最高气温/℃	冠层最低气温/℃	冠层空气湿度/%	太阳总辐射/（W/m²）	日照时数/h	阶段降水量/mm
伏前桃（7月1—15日）	2012	26.79	32.86	21.40	82.12	4 977.43	7.03	30.10
	2013	27.13	32.18	22.70	83.98	3 718.16	4.98	127.30
	2014	27.51	34.37	21.67	75.61	4 624.05	6.35	34.70
伏桃（7月16日至8月15日）	2012	25.72	30.79	21.13	84.49	4 287.56	4.98	187.50
	2013	27.17	32.29	22.77	90.49	4 567.28	6.69	278.70
	2014	26.52	32.90	21.20	86.13	4 896.37	7.68	36.10

续表 4-3

形成时期	年份	冠层日均气温/℃	冠层最高气温/℃	冠层最低气温/℃	冠层空气湿度/%	太阳总辐射/(W/m²)	日照时数/h	阶段降水量/mm
秋桃 (8月16日 至9月15日)	2012	21.49	27.86	16.16	84.23	4 075.73	6.03	97.70
	2013	24.20	30.79	18.83	84.27	4 742.01	8.60	16.00
	2014	23.02	29.91	17.80	86.13	4 038.88	6.04	80.80

就伏前桃而言,2013 年各处理的伏前桃数为 0,原因是这一年为晚播试验,棉花播种时间比 2012 年和 2014 年晚了近 20 d,7 月 15 日棉花尚未开花。虽然伏前桃形成期间 2014 年的土壤水盐联合胁迫程度大于 2012 年,但两年的伏前桃数较为接近,而且总体上 2014 年偏大,原因是 2014 年气温高于 2012 年,促使棉花开花时间提前了 4~5 d。

对于伏桃来说,2014 年最大,其次是 2012 年,2013 年最小。2013 年各处理的伏桃数明显低于 2012 年和 2014 年的原因,一是 2013 年棉花的开花时间晚了 15~20 d,棉铃的形成时间明显少于其余两年;二是 2013 年伏桃形成期间降雨多,冠层内空气湿度较大,导致蕾铃脱落率非常高。伏桃形成期间,2014 年各处理的土壤溶液电导率均大于 2012 年,但单株伏桃数却增加了 3.3~5.1 个。其原因是 2012 年 7 月 25 日至 8 月 6 日遭遇了连续阴雨天气,导致伏桃形成期间光照不足、辐射和气温偏低,进而增大了蕾铃脱落率,抑制了伏桃的形成;2014 年伏桃形成期间降雨偏少,光照充足,气温和太阳辐射强度较大,气候因素非常有利于伏桃形成。

对于秋桃,2013 年最大,其次是 2012 年,2014 年最小。秋桃形成期间,2013 年各处理的土壤溶液电导率最小,并且气温、日照时数、太阳辐射强度等气象因子都优于 2012 年和 2013 年。此外,2013 年棉花播种时间晚,棉株对土壤养分的消耗较少,土壤养分相对充足。2012 年秋桃形成期间,虽然气温较低,但日照时间、太阳辐射强度较大,湿度较为适宜,并且各处理土壤水盐联合胁迫作用较小,比较适合秋桃的形成。相比之下,2014 年各处理土壤的水盐联合胁迫强度较大,而且伏前桃和伏桃数量较大,消耗了大量的土壤养分,不利于秋桃的形成。

4.2.5　咸水灌溉对地上部干质量的影响

4.2.5.1　地上部干质量积累与转化过程

表 4-4 给出了 2012 年和 2014 年不同矿化度咸水灌溉处理条件下棉花地上部干质量的方差分析结果。由表 4-4 可以看出,两个棉花生长季,地上部干质量总体上都随着灌溉水矿化度的增大而减小,即咸水灌溉抑制了棉花地上部干物质的积累。2012 年,苗期,S2 处理的地上部干质量与 S1 处理间的差异不显著,S3 处理和 S4 处理与 S1 处理间的差异达显著水平;蕾期,S2 处理、S3 处理、S4 处理与 S1 处理间的差异有所增大,均达显著性水平;之后,3 个咸水灌溉处理的干质量与 S1 处理间的差距随着生育期的推进而逐渐缩小,自花铃盛期开始,S2 处理与 S1 处理间的差异又降为不显著,但 S3 处理和 S4 处理与 S1

处理间的差异始终处于显著水平。至花铃后期,与 S1 处理相比,S2 处理的地上部干质量增加了 0.85%,S3 处理和 S4 处理分别降低了 22.10% 和 30.44%。2014 年,各处理的地上部干质量变化过程与 2012 年相似,但棉花生育期间,S2 处理、S3 处理与 S1 处理间的差异有所减小。至花铃后期,S2 处理、S3 处理、S4 处理的地上部干质量比 S1 处理分别降低了 5.49%、12.49%、23.81%。

表 4-4　2012 年和 2014 年不同灌水处理棉花地上部干质量方差分析结果

年份	项目	生育阶段	日期(月-日)	S1 处理	S2 处理	S3 处理	S4 处理
2012	地上部干质量/(g/株)	苗期	06-07	2.42a	2.07ab	1.60bc	1.27c
		蕾期	06-30	32.30a	20.85b	12.88bc	8.40c
		花铃前期	07-18	83.23a	65.15b	55.45bc	40.94c
		花铃盛期	08-16	193.85a	168.30a	119.53b	94.31b
		花铃后期	09-02	191.56a	193.19a	149.22b	133.24b
	生殖器官所占比例/%	苗期	06-07	0	0	0	0
		蕾期	06-30	4.13a	4.15a	2.38b	1.41c
		花铃前期	07-18	15.24a	12.33ab	11.62b	10.83b
		花铃盛期	08-16	48.49a	47.95a	38.37b	37.58b
		花铃后期	09-02	55.71a	53.48a	49.37ab	47.03b
2014	地上部干质量/(g/株)	苗期	05-28	0.82a	0.84a	0.72a	0.47b
		蕾期	07-01	34.89a	34.00a	25.09b	19.22c
		花铃盛期	07-30	115.42a	104.64ab	93.22b	63.06c
		花铃后期	08-29	225.90a	213.50a	197.69ab	172.11b
	生殖器官所占比例/%	苗期	05-28	0	0	0	0
		蕾期	07-01	7.52a	6.33a	8.36a	7.70a
		花铃盛期	07-30	31.66b	31.58b	37.78a	34.20ab
		花铃后期	08-29	49.94b	54.62ab	55.72a	57.63a

自蕾期至花铃后期,棉花生殖器官(蕾、花、铃)所占比例的大小顺序均为 S1 处理>S2 处理>S3 处理>S4 处理,但彼此间的差距总体上随生育进程而逐渐减小。与同时期的地上部干质量相比,处理之间生殖器官所占比例的差异较小,说明咸水灌溉对生殖器官生长的抑制作用低于营养器官。与 2012 年不同,2014 年,除蕾期 S2 处理外,其余时期 3 个咸水灌溉处理(S2 处理、S3 处理、S4 处理)棉花生殖器官占地上部干质量的比例均大于 S1 处理,验证了咸水灌溉对生殖器官生长的影响相对较小。

4.2.5.2　地上部干质量差异影响因素分析

由4.2.1~4.2.4知,咸水灌溉对棉花株高、叶面积、果枝数、棉铃等地上部指标的增长过程都产生了一定的影响,这必然会在地上部干质量的积累和转化过程中有所体现。对比可以发现,2012年和2014年咸水灌溉对棉花地上部干质量积累的影响效应与对株高、叶面积、果枝数等指标的影响效应一致;咸水灌溉对生殖器官所占比例的影响与对棉铃生长的影响效应相吻合。换言之,咸水灌溉对棉花地上部干质量积累与转化的影响是通过对株高、叶面积、棉铃等指标的影响实现的。

4.3　咸水灌溉对棉花根系生长的影响

作为地上部与地下部物质及信息交换的重要系统,根系对作物生长发育和产量形成具有重要的影响。根系直接接触土壤,最先感知土壤环境变化,并能向冠层传递信号,通过调节叶片气孔开度和光合作用,促使作物生长适应环境变化。同时,当土壤环境改变时,根系自身也会做出一定的响应。发生水分胁迫时,根系会主动向下延伸吸收深层土壤水分,适当减小直径以降低根系吸水阻力。

咸水灌溉下覆膜棉田土壤水分、盐分、温度在横向和纵向上都存在很大的差异,而且在棉花生育期间,存在水分胁迫或盐分胁迫作用,根系生长将做出何种响应?本节以S1处理和S3处理为例,从根系质量、根长密度、根表面积、根系直径等几个方面,阐述咸水灌溉对棉花根系生长的影响。其中,根系干质量可以有效反映地下部的生长发育状况,但并不能指示根系吸收能力,根系吸收能力与根长密度、根直径、根表面积等指标有关。由于主根的吸收能力很弱,在分析根长密度、根直径、根表面积等几项指标时,未统计主根和较粗的侧根。

4.3.1　咸水灌溉对根干质量的影响

图4-11给出了2014年S1处理和S3处理棉花各生育阶段不同点位的根干质量。由图4-11可以看出,苗期、蕾期、花铃期,S1处理棉花的根系总质量(5个取样点之和)大于S3处理,分别高出17.59%、18.07%和20.55%;吐絮期,情况与之相反,S1处理的根系总质量比S3处理降低了4.96%。说明在棉花生育中前期,咸水灌溉对根系生长产生了抑制作用;在棉花生育后期,咸水灌溉处理根系呈现了后发生长优势。咸水灌溉对棉花根系的这种影响效应与其对地上部叶面积和干物质等指标基本一致。

从根系分布来看,除吐絮期S1处理外,其余时期两个处理覆膜行(B处)的根干质量均大于裸露行(C处和D处),其中,S3处理尤为明显。苗期、蕾期、花铃期、吐絮期,S3处理取样点B处的根干质量比C处分别高出108.63%、270.23%、3.31%和118.42%。显而易见,根系生长明显向覆膜行聚集,这是因为覆膜侧的土壤水、热、盐环境较为适宜。此外,S1处理和S3处理的根干质量主要集中在取样点A处,原因是棉花主根多分布在此处。苗期、蕾期、花铃期、吐絮期,S1处理A处根干质量所占比例分别为95.26%、93.85%、92.88%、97.08%,S3处理A处根干质量所占比例依次是93.76%、95.12%、91.89%、95.47%。由此可见,除蕾期外,S3处理A点处根系所占的比例小于S1处理,说明 S3 处理的须根相对较为发达。

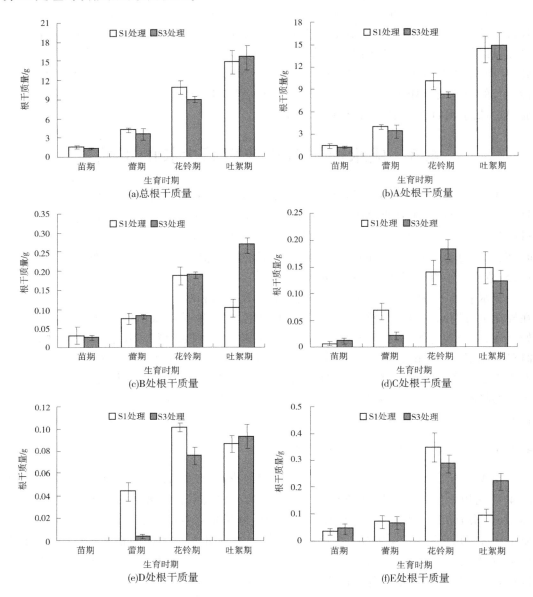

注：图中 A、B、C、D、E 处分别为图 2-3 中的取样点 1、2、3、4、5。

图 4-11　2014 年 S1 处理和 S3 处理棉花不同生长阶段的根干质量

4.3.2　咸水灌溉对根长密度的影响

根长密度分布状况与根系吸水速率密切相关，Feddes 等（1978）研究指出，充分供水条件下，根系吸水速率与根长密度成正比。图 4-12 给出了棉花不同生育阶段 S1 处理和 S3 处理根长密度的二维分布特征。总体而言，苗期至花铃期，S1 处理和 S3 处理各点位的根长密度均逐渐增大;花铃期至吐絮期,各点位的根长密度逐渐减小,说明棉花生育期间根系吸收能力先增大后降低。

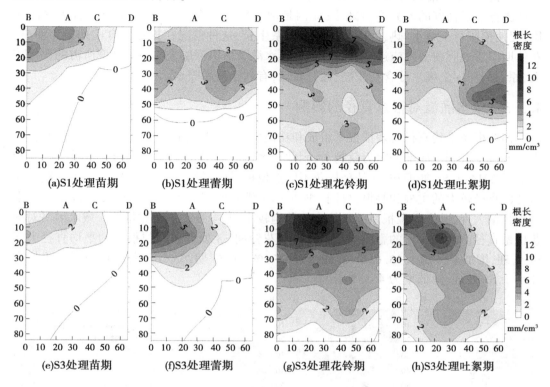

注:图中横坐标轴中数字表示水平方向上(自覆膜行中心至裸露行中心)相对于覆膜行中心的距离(cm),字母 A、B、C、D 分别表示图 2-3 中的取样点 1、2、3、4;纵坐标轴中数字表示根系下扎深度(cm)。图 4-13、图 4-14 同此。

图 4-12 2014 年 S1 处理和 S3 处理棉花不同生长阶段根长密度分布

从图 4-12 中可以看出,棉花不同生育时期,S1 处理和 S3 处理的根长密度分布呈现了很大差异。苗期,S1 处理和 S3 处理覆膜行 B 处的根长密度均大于裸露行 C 处,S1 处理的平均根长密度比 S3 处理增加了 32.10%。蕾期,S1 处理的平均根长密度比 S3 处理增大了 9.97%;S1 处理覆膜行和裸露行根系分布较为均匀,而 S3 处理的根系主要聚集在覆膜行,即 S1 处理根长密度侧向分布广度大于 S3 处理。花铃期,S1 处理的平均根长密度比 S3 处理增加了 2.93%,但 S3 处理 20 cm 以下土层的根长密度明显大于 S1 处理,其中,20~40 cm 和 40~90 cm 分别增大了 15.42% 和 20.23%;这一时期 S1 处理和 S3 处理覆膜行与裸露行的根长密度基本相当。吐絮期,S3 处理的根系下扎深度超过了 S1 处理,且平均根长密度比 S1 处理增加了 4.91%,其中,40 cm 以下土层的根长密度比 S1 处理增大了 14.21%;此时期 S1 处理裸露行的根长密度明显大于覆膜行,而 S3 处理覆膜行与裸露行的平均根长密度基本一致。

由此可见,与淡水灌溉相比,棉花生育期间咸水灌溉条件下覆膜棉田根长密度分布呈现了以下 3 个特点:一是苗期和蕾期,咸水灌溉带入的盐分胁迫降低了棉花的根长密度及其在垂向和侧向的分布广度;花铃期,咸水灌溉对棉花根长密度的负面影响效应明显减小;吐絮期,咸水灌溉处理棉花的平均根长密度及其分布的广度均超过了 S1 处理。二是苗期和蕾期,咸水灌溉棉田覆膜行的根长密度明显大于裸露行,花铃期和吐絮期,覆膜行与裸露行根长密度的差异有所减小,原因是地膜覆盖具有保墒增温、抑制盐分表聚的作用,促使覆膜行土壤水、热、盐环境更适宜根系生长,这种情况在棉花生育前期最为明显,花铃期以后地膜覆盖效应逐渐减弱。三是咸水灌溉棉田深层土壤根长密度所占的比例较大,原因是深层土壤水分含量较高、盐分较低,有利于根系吸水。

4.3.3 咸水灌溉对根系直径的影响

棉花根系平均直径是表征根系组成和功能活力的重要指标,理论上,根直径越大,水分通过皮层到木质部的阻力就越大,因此根系直径和导水率具有负相关关系。图 4-13 显示了 2014 年 S1 处理和 S3 处理棉花不同点位根系的平均直径。总体而言,由于统计时未考虑直径较大的主根和侧根,故同一时期两个灌水处理除个别点位 0~20 cm 土层的根系直径偏大外,其余点位根系的平均直径普遍较小,基本处在一个数量级。咸水灌溉对棉花根系直径产生了一定的影响,苗期、蕾期和花铃期 S3 处理各点位根系的平均直径大于 S1 处理,增加率分别为 13.68%、0.32% 和 6.91%。吐絮期,S3 处理各点位根系的平均直径小于 S1 处理,降低率为 4.55%。

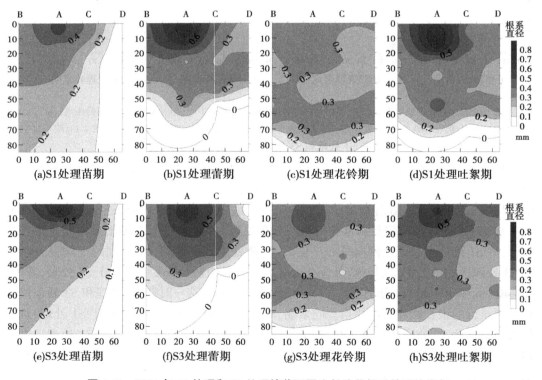

图 4-13　2014 年 S1 处理和 S3 处理棉花不同生长阶段根系的平均直径

4.3.4　咸水灌溉对根系表面积的影响

对于棉花须根而言,根系越长、表面积越大,根系与土壤中水分和养分接触的概率越大,根系潜在吸收能力就越强。图 4-14 显示了棉花不同生育阶段根系表面积的二维分布状况。由图 4-14 可以看出,同一时期,S1 处理和 S3 处理棉花的根表面积在垂向和侧向的分布特征与根长密度非常相似。苗期和蕾期,S1 处理各点位的平均根表面积大于 S3 处理,增加率分别是 23.73% 和 4.69%;花铃期和吐絮期,S1 处理各点位的平均根表面积小于 S3 处理,降低率分别是 5.60% 和 1.28%。

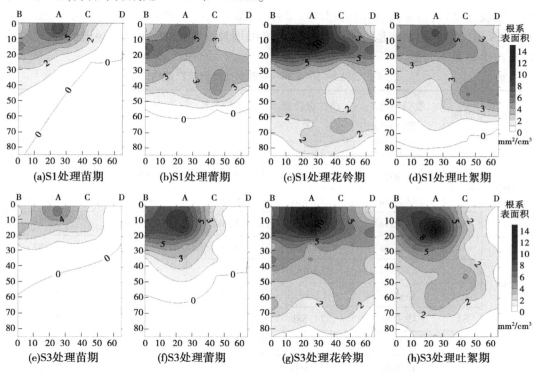

图 4-14　2014 年 S1 处理和 S3 处理棉花不同生长阶段的根系表面积

4.4　咸水灌溉对棉花产量构成的影响

由 4.1～4.3 节可知,咸水灌溉对棉花出苗过程、株高、叶面积、果枝、棉铃等地上部指标及根干质量、根长密度、根表面积等地下部指标都产生了一定的影响,这种影响效应最终会在产量构成要素中有所体现。

4.4.1　产量构成

籽棉产量的高低由收获密度、单株成铃数和单铃重决定。表 4-5 列出了 2012—2014年不同灌水处理棉花产量构成。由表 4-5 可知,同一棉花生长季,4 个灌水处理的收获密度无显著差异;除 2014 年 S4 处理的单株成铃数与 S1 处理间差异不显著、S3 处理的单铃重显著低于 S1 处理外,S2 处理、S3 处理的单株成铃数和单铃重与 S1 处理间的差异均不显著,而 S4 处理的单株成铃数和单铃重则显著低于 S1 处理。由此促使 3 个棉花生长季,S2 处理和 S3 处理的籽棉产量与 S1 处理间的差异都不显著,但 S4 处理的籽棉产量显著低于 S1 处理。2012 年和 2013 年籽棉产量由高至低的顺序均为 S2 处理、S1 处理、S3 处理、S4 处理,与 S1 处理相比,2012 年、2013 年籽棉产量 S2 处理分别增产 3.93% 和 3.57%,2012 年、2013 年籽棉产量 S3 处理分别减产 2.87% 和 4.21%,2012 年、2013 年籽棉产量 S4 处理分别减产 7.35% 和 11.10%;2014 年 S1 处理、S2 处理、S3 处理的籽棉产量基本一致,仅 S4 处理较 S1 处理减产 8.58%。霜前花是每年下霜之前吐絮的棉花,霜前花的纤维成熟度好,强度高,纺出的棉纱质量好,而霜后花恰恰相反。由表 4-5 可知,2012 年和 2013 年的霜前花率都是随着灌溉水矿化度的增加而降低的,2014 年 4 个灌水处理的霜前花率差异不明显。

表 4-5 2012—2014 年不同灌水处理棉花产量构成

年份	处理	收获密度/ (株/hm²)	单株成铃数/ 个	单铃重/ g	籽棉产量/ (kg/hm²)	霜前花率/ %
2012	S1	44 007a	15.55a	5.71ab	3 276.32ab	83.94a
	S2	44 302a	15.90a	5.79a	3 405.18a	78.79b
	S3	43 564a	15.80a	5.69ab	3 182.28bc	75.75c
	S4	44 155a	14.35b	5.58b	3 035.60c	73.59c
2013	S1	45 336a	12.60a	5.67a	2 905.89a	30.82a
	S2	45 189a	13.18a	5.62a	3 009.59a	28.88a
	S3	45 484a	12.35ab	5.54a	2 783.57ab	28.43a
	S4	45 189b	11.58b	5.49a	2 583.48b	24.68b
2014	S1	45 927a	17.20a	6.72a	4 854.15a	93.74a
	S2	45 336a	17.00a	6.79a	4 889.63a	92.54a
	S3	46 075a	17.70a	6.46b	4 886.51a	94.57a
	S4	45 631a	16.87a	6.11c	4 437.69b	92.99a

从表 4-5 还可看出,年际间各处理的产量构成要素存在很大的差异。单株成铃数、单铃重、籽棉产量、霜前花率均是 2014 年最大,2012 年次之,2013 年最小。对于籽棉产量而言,与 2013 年相比,2012 年 S1 处理、S2 处理、S3 处理、S4 处理分别增产 12.75%、13.14%、14.32%、17.50%,2014 年 S1 处理、S2 处理、S3 处理、S4 处理依次增产 67.04%、62.47%、75.55%、71.77%。

4.4.2 产量差异影响因素分析

同一棉花生长季,土壤溶液电导率总体上都是随着灌溉水矿化度的增加而增大的,但单株成铃数、单铃重和籽棉产量并未随着土壤盐分的增加而降低,这几项指标在 S1 处理、S2 处理、S3 处理间的差异很小,仅 S4 处理显著降低;然而,霜前花率有随着土壤盐分的增加而降低的趋势,这种趋势在 2012 年表现得尤为明显。综合而言,5 g/L 以下矿化度的微咸水灌溉对棉花产量构成要素及产量并未产生显著的影响,但有推迟棉花吐絮时间的趋势;7 g/L 咸水灌溉产生的盐分胁迫则明显降低了棉花产量的构成要素及最终产量。出现这种情况的原因是:棉花的耐盐性较强,3 g/L 和 5 g/L 微咸水灌溉产生的盐分胁迫或水盐联合胁迫作用相对较小,尚未达到明显抑制棉铃数量和单铃重增加的程度,但其产生的胁迫作用对棉花前期(耐盐性相对较弱)生长的影响较大,在一定程度上减缓棉花的生长进程,导致棉铃形成时间有所推迟,因此吐絮时间向后推迟,即霜前花率有降低的趋势。4 个处理中,7 g/L 咸水灌溉产生的盐分胁迫作用最大,不仅对棉花前期生长影响大,也已达到了抑制棉铃形成和生长的程度,因此其产量显著降低。

年际之间,由图 4-6、图 4-10 及表 4-3 和表 4-6 可知,2013 年,自棉花蕾期开始,各处理遭受的水盐联合胁迫作用明显小于 2012 年和 2014 年,但由于播种时间晚,加之 7 月、8 月过大的降水量和空气湿度,导致伏前桃、伏桃数量特别少,好在 8 月下旬以后气温、湿度、光照、辐射等气象条件相对较好,在一定程度上促进了秋桃的形成,但最终单株成铃数、单铃重、籽棉产量、霜前花率仍明显低于 2012 年和 2013 年。与 2012 年相比,2014 年棉花播种时间仅提前了 1 d,但由于苗期和蕾期各处理承受的水盐联合胁迫作用较小,花铃期和吐絮期较大,避开了棉花耐盐能力较弱的阶段,促使花铃期提前了 4~5 d,而且在棉铃形成和生长最为关键的 7 月和 8 月,气温、湿度、光照、辐射等气候条件较好,由此导致单株成铃数和单铃重较大,吐絮时间提前了 10~12 d;9 月和 10 月,虽然光照和辐射有所降低,但降雨并不多,而且气温较高,棉铃脱落少,也没有对棉铃吐絮造成大的影响,这是 2014 年籽棉产量和霜前花率明显偏高的原因。

表 4-6　2012—2014 年棉铃生长及吐絮期间的环境因素

年份	月份	冠层日均气温/℃	冠层最高气温/℃	冠层最低气温/℃	冠层空气湿度/%	太阳总辐射/(W/m²)	日照时数/h	阶段降水量/mm
2012	7	26.82	32.50	21.73	82.43	4 758.67	6.45	181.10
	8	23.98	29.74	19.06	85.57	4 201.23	6.18	51.90
	9	18.64	25.97	12.66	80.88	3 983.62	6.29	117.30
	10	14.16	23.72	6.22	69.44	3 265.16	7.28	0.20
2013	7	26.96	32.09	22.51	85.87	4 216.97	5.91	234.50
	8	26.82	32.53	22.00	88.34	4 917.09	8.17	171.50
	9	20.73	27.47	15.50	85.21	3 483.30	6.23	39.10
	10	14.69	23.90	7.96	76.12	3 058.12	7.17	4.00

续表4-6

年份	月份	冠层日均气温/℃	冠层最高气温/℃	冠层最低气温/℃	冠层空气湿度/%	太阳总辐射/(W/m²)	日照时数/h	阶段降水量/mm
	7	27.46	34.02	21.99	81.11	4 725.94	6.92	55.20
2014	8	25.04	31.85	19.48	85.65	4 704.94	7.57	59.60
	9	20.16	26.64	15.29	88.57	3 165.66	4.15	65.70
	10	15.46	23.78	8.69	74.05	2 809.23	5.21	4.80

4.5　咸水灌溉对棉花纤维品质的影响

棉花的纤维品质关乎成纱质量,是制约经济效益高低的重要指标之一。有关资料指出(熊宗伟 等,2012),对纺纱性能影响较大的纤维品质指标主要包括纤维长度、整齐度指数、马克隆值、断裂比强度和伸长率等。其中,纤维长度是影响纱线强度、棉纱均匀度及纺纱效率的重要指标,通常用上半部平均长度(2.5%跨距长度)表示。整齐度指数是纤维平均长度与上半部平均长度的比值,整齐度指数愈大,纤维愈整齐,短纤维含量愈低。马克隆值是反映纤维细度与成熟度的综合指标,生长期过长、过成熟的皮棉纤维较粗,不适合用于纺制中高档棉纱,马克隆值分为 A(3.7~4.2)、B(3.5~3.7 和 4.2~4.9)、C(3.4及 3.4 以下和 5.0 及 5.0 以上)三级,B 级为标准级,A 级最好,C 级最差。断裂比强度是指纤维单位截面面积或单位线密度所承受的断裂负荷,该指标考虑了纤维细度,可用来衡量不同类型纤维及纱线的抗拉伸性能。伸长率是纤维在断裂负荷最大时的相应伸长率,表示棉花纤维在抵抗外力拉伸时形变的程度,与纺纱的强力和条干均匀度密切相关。以上几项纤维品质除与棉花品种密切相关外,还受到土壤环境和气候因子的影响(Choudhary et al, 2001; Papastylianou et al, 2014; Yeates et al, 2010)。

表4-7 给出了 2012—2014 年不同采摘时期各处理棉花纤维品质方差分析结果。由表4-7 可以看出,同一批次样品中 4 个灌水处理的各项纤维品质指标差异并不明显。相对而言,受灌溉水矿化度影响最大的是马克隆值,任一批次样品的马克隆值都是随着灌溉水矿化度的增加而增大的;其次是纤维上半部平均长度和断裂比强度,S2 处理和 S3 处理的这两项指标与 S1 处理间的差异较小,但 S4 处理普遍低于 S1 处理。这说明采用 3 g/L、5 g/L、7 g/L 咸水灌溉产生的盐分胁迫并未对棉花纤维品质造成太大的影响,但有降低纤维品质的趋势;对盐分胁迫最为敏感的指标是马克隆值,7 g/L 咸水灌溉还普遍降低了纤维长度和断裂比强度;整齐度指数和伸长率受咸水灌溉的负面影响较小。同一个棉花生长季,咸水灌溉对前期样品纤维品质产生的负面影响效应总体上大于后期样品,原因是盐分胁迫对早期形成棉铃的影响作用相对较大,之后随着降雨对盐分的淋洗及棉花耐盐能力的增强,中后期形成的棉铃受到的盐分胁迫作用有所减弱。此外,从表4-7 还可看出,同一棉花生长季,除 2012 年的马克隆值外,各处理中后期棉花的纤维品质均明显优于前

期。究其原因,一是前期吐絮的棉铃形成时间较早,多在 7 月底以前,这一时期棉花营养生长与生殖生长并进,营养供应受到限制;二是前期吐絮的棉铃多在第 1~3 层果枝上,离地面近,通风透光差。

年际之间,各处理的纤维品质差异很大,原因是年际间的土壤水盐条件与气象因子差异很大。以 2012 年和 2014 年为例,2014 年第一批次(9 月 12 日)样品的纤维品质与 2012 年同期批次(9 月 10 日)相比,除马克隆值较差外,其余几项指标均明显偏好,原因是 2014 年 7 月、8 月的气温、光照、辐射等气象因子均优于 2012 年,促使棉铃生长发育较好,马克隆值较差的原因是其受成熟时间(采摘时间)的影响较大,2014 年棉花进入吐絮期的时间是 8 月 23—24 日,而 2012 年棉花进入吐絮期的时间是 9 月 4—5 日,即 2014 年棉花采摘时过于成熟。相比之下,除伸长率外,2014 年 10 月 16 日批次样品其余几项品质指标与 2012 年 10 月 14 日批次间的差异较小,原因是 2012 年 9 月和 10 月除气温略低外,日照时间、辐射、湿度等气象因子均高于 2014 年,有利于棉铃后期生长和正常吐絮。

表 4-7　2012—2014 年各处理棉花纤维品质方差分析结果

年份	日期	处理	上半部平均长度/mm	整齐度指数/%	马克隆值	伸长率/%	断裂比强度/(cN/tex)
2012	9 月 10 日	S1	27.68a	82.07a	4.52a	4.97a	25.41a
		S2	27.39a	81.37a	4.52a	4.80a	24.63a
		S3	27.36a	81.77a	4.46a	4.87a	24.79a
		S4	27.13a	82.23a	4.83a	4.70a	24.96a
	9 月 26 日	S1	28.26a	82.57a	4.77a	4.90a	29.30a
		S2	28.44a	82.83a	4.84a	4.77a	28.29a
		S3	28.23a	83.03a	4.84a	4.90a	29.07a
		S4	27.97a	82.70a	4.95a	4.93a	28.62a
	10 月 14 日	S1	28.74a	82.83a	4.80a	4.90 a	29.66b
		S2	28.83a	83.40a	4.93a	5.03a	28.42c
		S3	29.06a	83.30a	5.05a	4.90a	29.86b
		S4	28.51a	83.53a	5.06a	5.33a	31.07a
2013	10 月 22 日	S1	27.68a	84.07a	4.97ab	6.53 a	27.43a
		S2	27.99a	84.07a	4.96b	6.57a	27.27a
		S3	28.22a	84.00a	5.03ab	6.50a	27.80a
		S4	27.64a	84.67a	5.18a	6.57a	26.83a

续表4-7

年份	日期	处理	上半部平均长度/mm	整齐度指数/%	马克隆值	伸长率/%	断裂比强度/(cN/tex)
2014	9月12日	S1	29.34a	83.20a	5.72a	5.57b	29.56a
		S2	28.83a	82.40a	5.78a	5.87ab	28.65a
		S3	28.77a	81.70a	5.86a	5.50b	28.58a
		S4	28.57a	81.57a	5.80a	6.10a	27.83a
	10月16日	S1	29.75b	82.17a	5.51a	6.13a	29.99bc
		S2	30.28a	82.17a	5.53a	6.00a	31.13a
		S3	29.60b	82.00a	5.68a	6.37a	30.15ab
		S4	29.05c	81.50a	5.72a	6.13a	29.07c

4.6 小 结

(1)单个棉花生长季,棉花生长对咸水灌溉的响应特征如下:

咸水造墒减缓了棉花的出苗进程,出苗率和成苗率随造墒水矿化度的增加而降低。其中,2012年,3 g/L灌水处理的成苗率与1 g/L处理间的差异不显著,5 g/L和7 g/L处理与1 g/L处理间的差异达显著水平;2013年和2014年,3 g/L和5 g/L灌水处理的成苗率与1 g/L处理间的差异不显著,7 g/L与1 g/L处理间的差异达显著水平。

棉花株高、叶面积、果枝数、棉铃数、干物质量等地上部指标整体上都呈现了随着灌溉水矿化度的增加而递减的趋势,然而,3 g/L灌水处理与1 g/L处理间的差异非常小,甚至有些时期3 g/L处理占优;5 g/L和7 g/L灌水处理与1 g/L处理间的差异较大,但这种差异在棉花生育期间并非恒定。2012年和2013年,咸水灌溉对株高、叶面积、地上部干物质量等指标的负面影响效应在棉花苗期和蕾期比较明显,花铃期和吐絮期逐渐减弱;2014年,咸水灌溉对株高、叶面积、地上部干物质量等指标的负面影响效应在棉花蕾期和花铃期较为明显,苗期和吐絮期较弱。

咸水灌溉在一定程度上抑制了棉花根系生长,苗期和蕾期,咸水灌溉(5 g/L)处理的根重、根长密度和根表面积等地下部指标明显小于淡水灌溉(1 g/L)处理;花铃期和吐絮期差异逐渐减小。咸水灌溉改变了根系形态特征,即增加了细小须根的比重,增大了膜下土层和较深土层的根长密度和根表面积,这种生长调节能更好地适应盐分胁迫。

棉花生殖指标的耐盐能力较营养指标更强。在移栽补全苗情况下,3 g/L和5 g/L灌水处理的籽棉产量与1 g/L处理间的差异不显著,7 g/L灌水处理则显著低于1 g/L处理,籽棉产量的降低是由单株成铃数和单铃重较小所致。与其他指标相比,纤维品质对咸水灌溉的响应并不敏感,然而由于5 g/L和7 g/L咸水灌溉延迟了棉花生育进行,伏前桃数、伏桃数和霜前花率较淡水灌溉有所降低,导致纤维品质呈现降低趋势。相对而言,受灌溉水矿化度影响最大的是马克隆值,其次是纤维上半部平均长度和断裂比强度。

(2)年际间,无论哪种灌溉水矿化度,棉花出苗率与成苗率、地上部和地下部各项生长指标,以及产量和纤维品质均没有随着灌溉年限的延长而逐渐降低。换言之,咸水灌溉对棉花生长的影响并没有呈现出年际累积效应。然而,棉花生长对咸水灌溉的响应特征在不同年份存在很大的差异;同一矿化度灌水处理棉花的成苗率、叶面积、蕾铃发育状况、地上部干物质量、籽棉产量和纤维品质在不同年份的差异也比较大。

(3)不同时期棉花生长的差异是由不同因素主导的。单个棉花生长季,处理之间棉花生长的差异由土壤溶液浓度导致;年际间,棉花生长的差异由土壤水分、土壤溶液浓度和气象因子共同决定。

降雨、日照时数、气温和湿度是对棉花生长影响最为关键的几项气象因子,棉花出苗率与成苗率、蕾铃发育状况、籽棉产量和纤维品质等指标受气象因素影响程度较大。萌发出苗阶段,降水量较大、气温较高,有利于棉花萌发出苗;花铃期,日照时间较少、湿度过大,易造成蕾铃脱落,不利于棉花高产优质;吐絮期,降雨频繁,易导致纤维品质降低。从本书研究看,气象因子对籽棉产量和纤维品质的影响效应大于试验中的土壤水盐因子。

(4)在研究作物-盐分关系时,常以土壤溶液浓度表示土壤盐度。若将棉花苗期和蕾期的主要根系层深度定为 $0 \sim 40$ cm,花铃期和吐絮期定为 $0 \sim 60$ cm,2012 年、2013 年、2014 年籽棉产量开始显著降低时对应的根系层土壤溶液电导率(生育期内均值)分别为 $7.1 \sim 8.4$ dS/m、$5.9 \sim 7.4$ dS/m、$8.4 \sim 10.5$ dS/m,3 年均值为 $7.1 \sim 8.8$ dS/m。这与 FAO(Maas,1977;Allen et al,1998)给出的棉花耐盐阈值(7.7 dS/m)比较接近。

(5)结合第 3 章土壤水盐变化规律,综合考虑棉花成苗率、生长发育过程和籽棉产量,3 g/L 和 5 g/L 微咸水可用于棉花播种前造墒和生育期内补灌;7 g/L 咸水不适宜直接用于播种前造墒。由于本书研究仅开展了 3 年试验研究,3 g/L 和 5 g/L 微咸水的灌溉潜力尚有待进一步明确。

第 5 章　咸水灌溉条件下棉花
耗水规律与蒸发蒸腾模拟

作物耗水量是土壤蒸发量和植株蒸腾量之和。一般而言,土壤蒸发量受气象因子、地表含水率和地面覆盖度的影响;植株蒸腾量受气象因素、土壤环境及植株生长发育状况的影响。由第 3 章和第 4 章可知,不同矿化度咸水灌溉对土壤水、热、盐环境及棉花株高、叶面积、棉铃等地上部指标和根长密度、根表面积等地下部指标的生长过程均产生了一定影响,可以推断,棉花耗水过程必然受到咸水灌溉的影响。明确不同矿化度咸水灌溉条件下棉花的耗水规律,对于指导制定咸水灌溉制度具有指导意义。

5.1　咸水灌溉条件下棉花耗水规律

5.1.1　影响棉花耗水规律的气象因素

影响棉花蒸发蒸腾量的气象因素主要包括气温、湿度、风速、日照时数(太阳辐射)和降水量。参照作物需水量(ET_0)是指牧草在最优条件下的潜在蒸发蒸腾量,可以综合反映气象因子对作物蒸发蒸腾量的影响。

图 5-1~图 5-3 分别给出了 2012—2014 年试验期间的平均空气温度、空气湿度和风速(2 m 处)的逐日变化过程。若以棉花苗期、蕾期、花铃期、吐絮期等 4 个生育阶段划分,2012 年 4 个阶段的日均气温分别为 24.18 ℃、27.60 ℃、25.73 ℃、16.05 ℃,日均空气湿度依次为 53.41%、62.14%、75.89%、63.10%,日均风速分别是 1.53 m/s、1.55 m/s、1.19 m/s、1.20 m/s;2013 年 4 个阶段的日均气温分别为 24.55 ℃、27.36 ℃、25.50 ℃、15.45 ℃,日均空气湿度依次为 65.95%、74.14%、72.64%、61.90%,日均风速分别是 1.62 m/s、1.36 m/s、1.22 m/s、1.16 m/s;2014 年 4 个阶段的日均气温分别为 23.85 ℃、25.92 ℃、

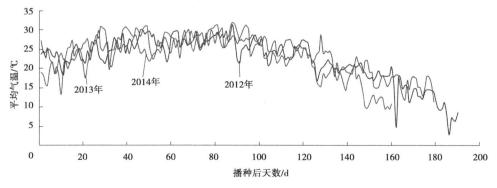

图 5-1　2012—2014 年试验期间的空气温度

27.32 ℃、19.33 ℃,日均空气湿度依次为 47.16%、63.16%、65.70%、71.75%,日均风速分别是 1.70 m/s、1.39 m/s、1.33 m/s、1.14 m/s。

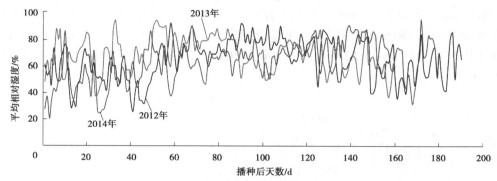

图 5-2　2012—2014 年试验期间的空气湿度

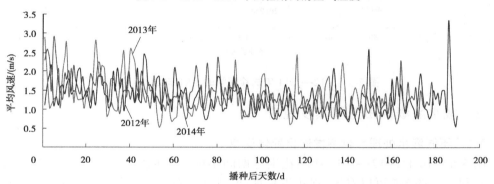

图 5-3　2012—2014 年试验期间 2 m 处的风速

图 5-4 和图 3-1 分别给出了 2012—2014 年试验期间每 10 天的累积日照时数和降雨分布状况。以棉花苗期、蕾期、花铃期、吐絮期等 4 个生育阶段划分,2012 年 4 个阶段的平均日照时数分别为 9.02 h、8.25 h、5.77 h、7.14 h,累积降水量依次为 7.9 mm、72.6 mm、302.5 mm、64.2 mm;2013 年的平均日照时数分别为 6.70 h、5.94 h、7.22 h、7.16 h,累积降水量依次为 74.9 mm、161.3 mm、283.8 mm、4.0 mm;2014 年的平均日照时数分别

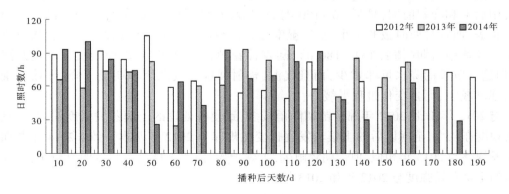

图 5-4　2012—2014 年试验期间的日照时数

为 8.57 h、4.0 h、7.59 h、4.82 h,累积降水量依次为 51.7 mm、19.8 mm、85.6 mm、99.7 mm。

图 5-5 显示了 2012—2014 年棉花生育期间参照作物需水量的逐日变化过程。2012 年苗期、蕾期、花铃期和吐絮期的日均 ET_0 分别为 5.17 mm、5.50 mm、3.87 mm、2.41 mm,2013 年依次为 4.64 mm、4.62 mm、3.92 mm、2.36 mm,2014 年分别为 5.41 mm、4.10 mm、4.76 mm、2.39 mm。

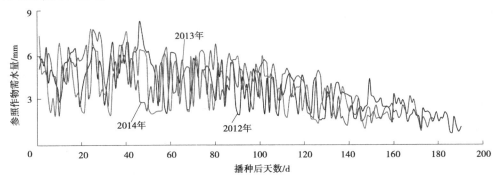

图 5-5　2012—2014 年试验期间的参照作物需水量

5.1.2　咸水灌溉棉田土壤蒸发规律

5.1.2.1　不同灌水处理土壤蒸发逐日变化规律

图 5-6 给出了 2012—2014 年棉花生育期间不同处理棉田裸露行土壤蒸发的逐日变化过程。由图 5-6 可以看出,棉花生育期间,灌水或降雨后土壤蒸发强度有所增大。同一生长季,灌溉水矿化度对棉田土壤蒸发逐日变化过程的影响并不大,即 4 个灌水处理棉田的土壤蒸发逐日变化规律基本一致。以 2012 年为例,该年棉花苗期(播种后 1~43 d),各处理土壤蒸发强度不大,且变化过程比较平缓,原因是这一阶段降水量小,表层土壤干燥。蕾期和花铃前期(播后 44~75 d),灌水量或降水量非常大,表层土壤湿润,加之气温、日照时间等较大,而且棉花植株尚未将地面完全覆盖,促使这一时期的土壤蒸发强度很大,但由于气象因子变化较大,导致土壤蒸发的波动幅度亦较大。花铃中后期和吐絮前期(播后 76~150 d),虽然降水量同样较大,但棉花植株已将地面完全覆盖,而且日照时数非常小,空气湿度过大,导致土壤蒸发强度和波动幅度均有所降低。吐絮中后期(播后 151~180 d),随着棉花植株的衰老,对地面的覆盖度逐渐降低,但这一阶段的降水量非常少,而且气温、辐射强度等气象因子明显下降,导致土壤蒸发强度较小,而且变化过程平缓。

与 2012 年相比,2013 年棉花苗期降雨较多,致使各处理的土壤蒸发强度偏大,而且波动幅度亦较大,苗期以后的土壤蒸发逐日变化规律与 2012 年基本一致。2014 年苗期的蒸发规律与 2013 年相似,但蕾期降雨少,土壤干燥,促使土壤蒸发强度明显较小,蕾期以后的土壤蒸发强度与 2012 年和 2013 年相似。

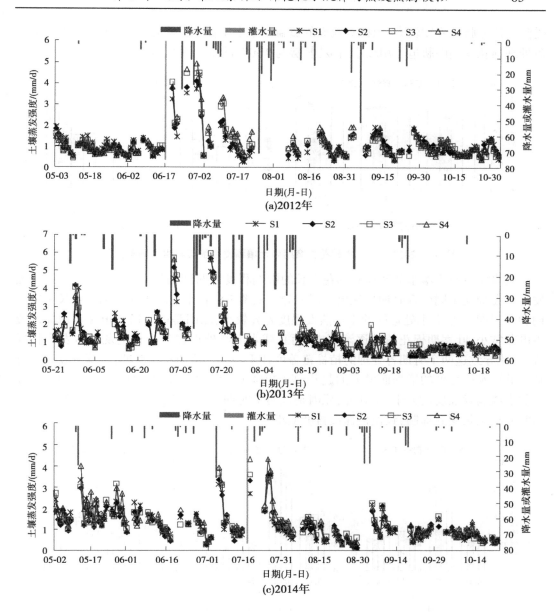

图 5-6　2012—2014 年不同灌水处理棉花土壤蒸发逐日变化过程

5.1.2.2　不同灌水处理对土壤蒸发强度和累积蒸发量的影响

图 5-7 给出了 2012—2014 年不同灌水处理棉花生育期内裸露行的平均土壤蒸发强度和累积土壤蒸发量。由图 5-7 可以看出,任一棉花生长季,S3 处理和 S4 处理棉花全生育期的平均土壤蒸发强度和累积土壤蒸发量均大于 S1 处理,如 2014 年 S3 处理和 S4 处理的平均土壤蒸发强度比 S1 处理分别增大了 0.05 mm/d 和 0.17 mm/d,累积土壤蒸发量分别增加了 6.36 mm 和 21.12 mm。然而,S2 处理的平均土壤蒸发强度和累积土壤蒸发量与 S1 处理间的差异较小。出现这种情况的原因是:5 g/L 和 7 g/L 咸水灌溉处理棉花

受到的盐分胁迫程度较大,植株对地面的覆盖度小于 1 g/L 灌水处理,而 3 g/L 微咸水灌溉处理棉花受到的胁迫作用较小,棉花长势与 1 g/L 灌水处理相当。

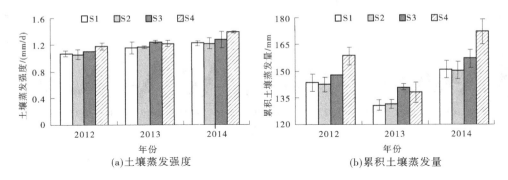

图 5-7　2012—2014 年棉花生育期内土壤蒸发强度与累积土壤蒸发量

咸水灌溉对土壤水盐环境和棉花生长的影响程度因时期而异,致使 4 个处理土壤蒸发强度在棉花不同生育时期呈现出不同差异。从图 5-8 中可以看出,3 个棉花生长季的苗期和吐絮期,4 个灌水处理间的土壤蒸发强度差异较小,原因是苗期棉花植株对地面的覆盖度非常小,吐絮期棉花植株逐渐衰老,而且咸水灌溉处理棉花生长呈现出后发生长优势,由此导致这两个时期各处理的植株覆盖度几乎一致。蕾期和花铃期,土壤蒸发强度有随着灌溉水矿化度的增加而增大的趋势(除 2014 年蕾期外),即 S2 处理、S3 处理、S4 处理的土壤蒸发强度均大于 S1 处理,原因是这两个时期 3 g/L、5 g/L、7 g/L 灌水处理棉花的叶面积生长受到抑制,致使植株覆盖度偏小。

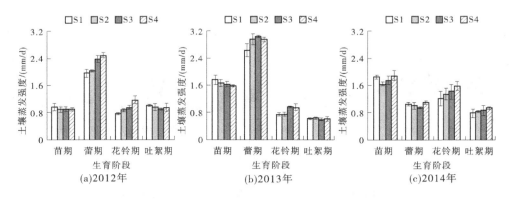

图 5-8　2012—2014 年不同处理棉花各生育阶段土壤蒸发强度

此外,还需要指出的是,3 个棉花生长季的苗期,S1 处理的土壤蒸发强度普遍大于 S2 处理、S3 处理、S4 处理,即地面裸露时,咸水灌溉棉田的土壤蒸发强度有降低的趋势,这可能与咸水灌溉对土壤理化性质的影响有关。

5.1.2.3　气象因素对土壤蒸发的影响

参照作物需水量可在一定程度上反映潜在蒸发力(大气蒸发力)的大小。由图 5-9 不难看出,任一棉花生长季,棉花生育期间的土壤蒸发逐日变化过程与参照作物蒸发蒸腾量逐日变化过程较为一致。因此,可采用相对土壤蒸发强度(E/ET_0),即土壤蒸发量与同时期参照作物蒸发蒸腾量的比值,来消除气象因素对土壤蒸发的影响。

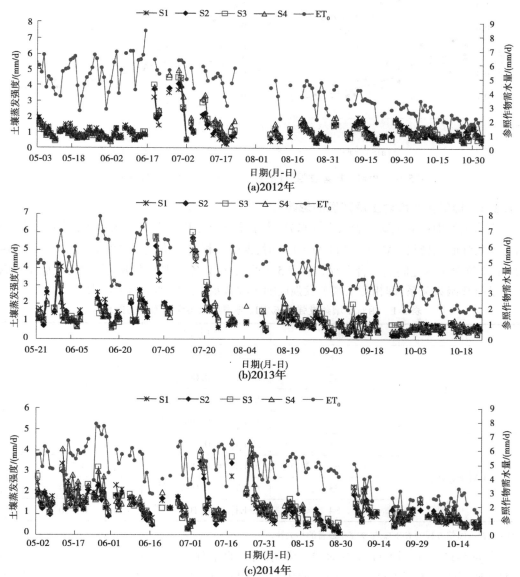

图 5-9 2012—2014 年不同处理棉花逐日土壤蒸发强度与参照作物需水量

5.1.2.4 植株覆盖度对土壤蒸发的影响

叶面积指数(LAI)是指单位土地面积上植物叶片总面积占土地面积的倍数,可有效表征植株对地面的覆盖程度。为了削减土壤水分和气象因素的影响,选取 $0 \sim 10$ cm 土层土壤含水率为 $15\% \sim 25\%$ 的土壤蒸发观测值,绘出了 S1 处理和 S4 处理裸露行相对土壤蒸发强度 E/ET_0 与叶面积指数(LAI)之间的关系(见图 5-10)。由图 5-10 可以看出,S1 处理和 S4 处理的相对土壤蒸发强度 E/ET_0 随叶面积指数(LAI)的增加均呈指数递减关系,但 S4 处理 E/ET_0 随叶面积指数(LAI)的增加,递减的速度略慢于 S1 处理。

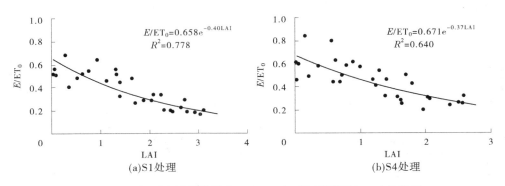

图 5-10　相对土壤蒸发强度(E/ET_0)与叶面积指数(LAI)的关系

5.1.2.5　棉田含水率对土壤蒸发的影响

土壤蒸发消耗的主要是表层土壤水分,为了削减气象因素和植株覆盖度的影响,表 5-1 给出了当叶面积指数 LAI<1.0 和 LAI≥1.0 时,裸露行相对土壤蒸发强度 E/ET_0 与表层 0~10 cm 土壤含水率之间的拟合方程。由表 5-1 可以看出,各处理的土壤蒸发量与表层土壤含水率呈指数函数关系,即相对土壤蒸发强度随土壤含水率的增加呈指数增大。

表 5-1　相对土壤蒸发强度 E/ET_0 与表层土壤含水率 θ 的关系

时期	处理	回归方程	相关系数 R
LAI<1.0	S1	$E/\mathrm{ET}_0 = 0.075\mathrm{e}^{0.090\theta}$	0.816[*]
	S2	$E/\mathrm{ET}_0 = 0.065\mathrm{e}^{0.095\theta}$	0.789[*]
	S3	$E/\mathrm{ET}_0 = 0.064\mathrm{e}^{0.096\theta}$	0.804[*]
	S4	$E/\mathrm{ET}_0 = 0.058\mathrm{e}^{0.102\theta}$	0.825[*]
LAI≥1.0	S1	$E/\mathrm{ET}_0 = 0.066\mathrm{e}^{0.075\theta}$	0.744[*]
	S2	$E/\mathrm{ET}_0 = 0.076\mathrm{e}^{0.070\theta}$	0.718[*]
	S3	$E/\mathrm{ET}_0 = 0.092\mathrm{e}^{0.061\theta}$	0.709[*]
	S4	$E/\mathrm{ET}_0 = 0.105\mathrm{e}^{0.057\theta}$	0.740[*]

注:[*] 表示回归方程的 E/ET_0 与 θ 存在显著的相关性。

由表 5-1 可知,当 LAI<1.0 时,4 个灌水处理的相对土壤蒸发强度随土壤含水率指数增大的速率明显大于 LAI≥1.0 时。原因是当 LAI≥1.0 时,植株对地面的覆盖度较大,而且冠层内湿度较高,在一定程度上降低了土壤蒸发强度。

当 LAI<1.0 时,植株对地面的覆盖度很小,处理间的植株长势差异对土壤蒸发的影响作用可忽略不计。然而,当 0~10 cm 土壤含水率 θ≤21%时,同一土壤含水率条件下 S2 处理、S3 处理和 S4 处理的相对土壤蒸发强度均小于 S1 处理。出现这种情况的原因是咸水灌溉会破坏土壤结构,如降低土壤中 C、N 矿化作用,降低碳水化合物含量、降低团聚体稳定性及 0.2~3 mm 大颗粒所占比例(Sarig et al,1993),土壤理化性质的这种改变在一定程度上可以减小土壤蒸发量。当 LAI≥1.0 时,处理间植株长势差异对土壤蒸发强度的影响作用相对明显,同一时期咸水灌溉处理(S2 处理、S3 处理、S4 处理)的植株覆盖度小

于淡水灌溉处理(S1 处理),促使其土壤蒸发强度较大,并且这一阶段咸水灌溉带入的盐分得到了降雨淋洗,土壤质量有所恢复,由此导致同一土壤含水率条件下 S2 处理、S3 处理、S4 处理的相对土壤蒸发强度均大于 S1 处理。

5.1.3　咸水灌溉棉花阶段耗水量

棉花耗水量由水量平衡法[见式(2-5)]计算,表 5-2 给出了 2012—2014 年 4 个灌水处理棉花各生育阶段的耗水量。同一棉花生长季,4 个灌水处理棉花各生育阶段的耗水量呈现了一定的差异,但总耗水量差异较小(除 2014 年 S4 处理显著降低外),说明 7 g/L 以下咸水灌溉对棉花耗水过程产生了一定的影响,但对总耗水量影响并不大。以 2012 年为例,苗期 S1 处理的耗水量大于 S2 处理、S3 处理和 S4 处理,原因是 S1 处理土壤蒸发强度大,且植株长势较好;蕾期 S1 处理的耗水量亦大于 3 个咸水灌溉处理,原因可能是 S1 处理棉花生长未受到盐分胁迫作用,蒸腾耗水量较大;花铃期和吐絮期 S1 处理的耗水量均小于 S2 处理、S3 处理、S4 处理,原因是土壤盐分得到淋洗,咸水灌溉处理棉花呈现了后发生长优势,蒸腾耗水量逐渐赶上 S1 处理,而且 S1 处理植株覆盖度较高,土壤蒸发量相对较小。

表 5-2　不同咸水灌溉处理下棉花各生育阶段耗水量

年份	处理	耗水量/mm				
		苗期	蕾期	花铃期	吐絮期	全生育期
2012	S1	59.20a	106.91a	220.06a	105.55b	491.73a
	S2	50.10b	102.32a	230.90a	118.97a	502.29a
	S3	51.51ab	90.23b	234.87a	112.83ab	489.44a
	S4	49.59b	101.64a	234.46a	114.17ab	499.87a
2013	S1	61.10a	93.78a	270.20ab	39.08a	464.16a
	S2	57.57ab	98.65a	260.50b	35.14a	451.87a
	S3	49.66b	99.73a	266.29ab	36.09a	451.77a
	S4	49.99b	94.65a	279.53a	42.36a	466.53a
2014	S1	83.53a	69.83a	204.78a	72.21a	430.35a
	S2	93.14a	64.79a	210.44a	74.50a	442.87a
	S3	89.42a	65.20a	203.11a	67.97a	425.70a
	S4	86.28a	46.46b	211.14a	66.14a	410.02b

年际之间各处理的耗水量差异比较大,原因是不同年份的气象因素和土壤水盐环境存在很大差异。就总耗水量而言,2012 年最大,原因之一是棉花生育期间根系层土壤水分含量较高,几乎未受到水分胁迫作用,二是试验时间较长,达 190 d;2014 年最小,原因是气候干旱,水分胁迫程度较重,致使各处理棉花植株长势相对较小。

5.1.4　咸水灌溉棉花阶段耗水强度

表 5-3 给出了 2012—2014 年棉花各生育阶段的耗水强度。由表 5-3 可以看出,年际之间各处理耗水强度的差异较大。对全生育期来说,2013 年各处理的日均耗水量最大,2012 年次之,2014 年最小。原因是 2013 年棉花生育期间降雨充沛,土壤水分含量较高,土壤盐分得到充分淋洗,促使各处理棉花生长旺盛,蒸发蒸腾耗水量大;2012 年棉花生长期间降雨少于 2013 年,土壤盐分淋洗不够充分,导致棉花植株长势不及 2013 年;2014 年棉花生育期间降水量仅约为 2013 年的一半,很多时期土壤含水率较低,土壤盐分聚集在根际层,由此导致棉花生长受到明显抑制。

表 5-3　不同咸水灌溉处理下棉花各生育阶段耗水强度

年份	处理	耗水强度/(mm/d)				
		苗期	蕾期	花铃期	吐絮期	全生育期
2012	S1	1.41a	4.86a	3.67a	1.62b	2.59a
	S2	1.19b	4.65a	3.85a	1.83a	2.64a
	S3	1.23ab	4.10b	3.91a	1.74ab	2.58a
	S4	1.18b	4.62a	3.91a	1.76ab	2.63a
2013	S1	1.61a	3.91a	4.09ab	1.22a	2.90a
	S2	1.52ab	4.11a	3.95b	1.10a	2.82a
	S3	1.31b	4.16a	4.03ab	1.13a	2.82a
	S4	1.32b	3.94a	4.24a	1.32a	2.92a
2014	S1	1.94a	3.04a	3.86a	1.20a	2.40a
	S2	2.17a	2.82a	3.97a	1.24a	2.47a
	S3	2.08a	2.83a	3.83a	1.13a	2.38a
	S4	2.01a	2.02b	3.98a	1.10a	2.29b

对各生育阶段而言,2012 年耗水强度最大的是蕾期,之后依次是花铃期、吐絮期和苗期;2013 年,蕾期和花铃期的耗水强度相当,吐絮期的耗水强度最小;2014 年耗水强度最大的是花铃期,之后依次是蕾期、苗期和吐絮期,这种情况是由各生育阶段的气象因子、土壤水盐环境及棉花生长状况决定的。

盐分胁迫可以抑制棉花生长,推迟棉花的生育进程。但本书研究的 3 个棉花生长季,3 g/L、5 g/L、7 g/L 咸水灌溉处理棉花的生育进程仅比淡水灌溉处理推迟了 1~3 d,而且随着时间推移,各处理的生育进程逐渐一致。因此,同一棉花生长季内,1 g/L、3 g/L、5 g/L、7 g/L 咸水灌溉对棉花耗水强度的影响效应与耗水量基本一致。

5.1.5　咸水灌溉棉花耗水模系数

耗水模系数是指某一阶段耗水量占总耗水量的比例,即耗水量在各生育阶段的分配状况。由表 5-4 可以看出,不同棉花生长季,各处理均是花铃期的耗水模系数最大,原因是花铃期棉花营养生长和生殖生长并盛,耗水量非常大。年际间,同一灌水处理各生育阶段的耗水模系数差异很大。以 2012 年和 2014 年为例,2012 年苗期和花铃期各处理的耗水模系数小于 2014 年,而蕾期和吐絮期恰好相反。原因是:2012 年,苗期气候干旱,棉花蒸发蒸腾量较小;蕾期土壤湿润,棉花蒸发蒸腾耗水非常旺盛;花铃期气温偏低、湿度大、日照短,致使棉花蒸发蒸腾作用相对较小;吐絮期,天气转好,后发生长优势明显。2014 年,苗期土壤湿润,盐分含量较低,植株蒸发蒸腾量较大;蕾期土壤干燥,棉花生长受到一定限制,蒸发蒸腾量较低;花铃期土壤水盐环境不及 2012 年,但气温高、湿度低、日照时间长,促使耗水量相对较大;吐絮期,由于花铃期气候影响,棉花吐絮时间及叶片脱落老化时间提前,导致棉花生育后期的耗水量相对较低。

表 5-4　不同咸水灌溉处理下棉花各生育阶段耗水模系数

年份	处理	耗水模系数/%				
		苗期	蕾期	花铃期	吐絮期	全生育期
2012	S1	12.04a	21.74a	44.75b	21.47a	100.00
	S2	9.97b	20.37ab	45.97ab	23.69a	100.00
	S3	10.52ab	18.43b	47.99a	23.05ab	100.00
	S4	9.92b	20.33ab	46.91ab	22.84ab	100.00
2013	S1	13.16a	20.21a	58.21a	8.42a	100.00
	S2	12.74ab	21.83a	57.65a	7.78a	100.00
	S3	10.99b	22.08a	58.94a	7.99a	100.00
	S4	10.72b	20.29a	59.92a	9.08a	100.00
2014	S1	19.41a	16.23a	47.59b	16.78a	100.00
	S2	21.03a	14.63a	47.52b	16.82a	100.00
	S3	21.00a	15.32a	47.71b	15.97a	100.00
	S4	21.04a	11.33b	51.50a	16.13a	100.00

5.2　咸水灌溉条件下棉花水分利用效率

图 5-11 显示了 2012—2014 年 4 个灌水处理棉花的水分利用效率。显而易见,任一棉花生长季,S2 处理和 S3 处理棉花的水分利用效率与 S1 处理间的差异均较小,彼此间未达显著水平。S4 处理的水分利用效率普遍低于 S1 处理,与 S1 处理相比,2012 年、2013 年、2014 年 S4 处理的水分利用效率分别降低了 8.86%、11.55% 和 4.05%,其中,2012 年和 2013 年处理间的差异达显著性水平。由此说明,3 g/L 和 5 g/L 微咸水灌溉对棉花产量、耗水量和水分利用效率的影响很小,但 7 g/L 咸水灌溉明显降低了棉花产量和水分利用效率。

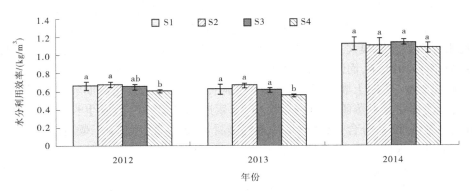

图 5-11　不同咸水灌溉处理下棉花水分利用效率

由图 5-11 还可看出,2014 年 4 个灌水处理的水分利用效率明显大于 2012 年和 2013 年。与 2012 年相比,2014 年 S1 处理、S2 处理、S3 处理、S4 处理的水分利用效率分别增加了 69.29%、62.86%、76.54%、78.22%;与 2013 年相比,2014 年 S1 处理、S2 处理、S3 处理、S4 处理的水分利用效率依次增加了 80.17%、65.77%、86.30%、95.44%。这说明咸水灌溉的效果受棉花生育期间降雨、气温、湿度、日照等气候因素的影响非常大。

5.3　咸水灌溉条件下棉田蒸发蒸腾模拟

5.3.1　模拟方法

本书研究咸水灌溉条件下覆膜棉田蒸发蒸腾模拟需要考虑 3 个因素的影响,即地膜覆盖、水分胁迫和盐分胁迫。综观国内外相关研究,能够实现覆膜-咸水灌溉棉田蒸发蒸腾模拟的方法大致有三种,一是水量平衡法,二是双源(Shuttleworth-Wallace)模型法,三是作物系数法。

(1)水量平衡法是基于质量守恒定律,根据根区土体内水分收支平衡,直接计算作物蒸发蒸腾量的方法,这种方法简单实用,但过分依赖土壤水分信息,在没有大型蒸渗仪的情况下,很难准确模拟蒸发蒸腾量的逐日变化过程,而且亦难以区分土壤蒸发和植株蒸腾。

(2)双源模型是在 Penman-Monteith 模型理论的基础上,Shuttleworth 和 Wallace (1985)提出的用于计算稀疏植被蒸发蒸腾量的方法。其主要理论是将土壤面和植物冠层作为两个既相互独立又相互作用的水汽源汇面,将 SPAC 系统的能量分配与转换分为三层结构描述,即参考高度的大气层、动量传输汇处的植物冠层和土壤层,并假定系统的水汽和热量通量连续。双源模型法的优点是计算步长比较灵活,能分别模拟土壤蒸发和植株蒸腾,而且适用于沟灌、地膜覆盖等土气界面不连续的作物(李彩霞,2011;李思恩,2009);缺点是模型中的参数计算比较烦琐,且有关盐分胁迫对冠层阻力、土壤阻力等参数的修正方法还有待商榷。

(3)作物系数法是通过作物系数 K_c 乘以参照作物需水量 ET_0 计算作物实际蒸发蒸腾量的方法。ET_0 的计算仅与气象因素有关,反映了不同地区、不同时期大气蒸发力对作物需水量的影响;作物系数是反映作物之间物理和生理差异的聚合体,表示作物特有的水分利用性质。常用的有单作物系数法和双作物系数法,其中,双作物系数法是将土壤蒸发和植株蒸腾分开计算的方法。FAO-56 详细介绍了各种条件下作物系数的计算方法与调整原则,其中包括水盐胁迫、地膜覆盖、间作种植等非标准条件。作物系数法的计算时段比较灵活,根据实际需要,可设定为日、旬、月、季等。Jensen 等(1990)对估算作物需水量的多种方法进行比较后认为,作物系数法具有较好的通用性和稳定性,估算精度也较高,各地都可以使用。

综合比较上述方法,本书选用双作物系数法模拟咸水灌溉条件下覆膜棉花的蒸发蒸腾量,用实测的土壤蒸发量及水量平衡法计算的阶段耗水量验证模拟结果。

5.3.2　SIMDual_Kc 双作物系数模型

5.3.2.1　模型介绍

双作物系数法是 FAO-56 推荐的广泛用于作物蒸发蒸腾量计算的一种方法,其将 K_c 分为两部分,即基础作物系数 K_{cb} 和土壤蒸发系数 K_e。基础作物系数 K_{cb} 指作物蒸腾以一定的潜在速率发生而无土壤蒸发的条件(土壤表面干燥,但水分可以维持作物的蒸腾作用)下,作物蒸腾量与参照作物需水量的比值(T/ET_0),故"$K_{cb}ET_0$"代表了作物蒸发蒸腾量中的蒸腾部分。土壤蒸发系数 K_e 用来描述作物蒸发蒸腾量中的土壤蒸发部分,当降雨或灌溉后土壤表面较为湿润时,K_e 值达到最大;当土壤表面干燥时,没有可用于蒸发的水分,K_e 值很小甚至为 0(Allen et al, 1998;Allen et al, 2005)。

SIMDual_Kc 双作物系数模型是 Rolim 等(2007)基于蒸发土层和根际层水量平衡原理,在 FAO-56 推荐的双作物系数法延伸和扩展的基础上开发的,用以计算各种作物的逐日土壤蒸发和植株蒸腾。近几年,众多学者在地中海、中亚、南美等地区及我国华北、华中地区对 SIMDual_Kc 双作物系数模型进行了验证,均取得了较好的模拟效果,这些验证涵盖了漫灌、沟灌、滴灌、喷灌等各种灌水技术及小麦、玉米、大豆、棉花、柑橘、橄榄等多种作物(赵娜娜 等,2012;Gao et al, 2014;Martins et al, 2013;Paço et al, 2014;Rolim et al, 2007;Wei et al, 2015;Zhang et al, 2013)。可见,SIMDual_Kc 双作物系数模型具有很强的通用性和稳定性。

SIMDual_Kc 双作物系数模型的计算过程主要分为以下 4 个部分。

1. 参照作物需水量 ET_0 的计算

模型中可以输入气温、湿度、风速等气象因子,由模型计算出参照作物需水量 ET_0,也可以直接输入计算好的参照作物需水量 ET_0。

2. 基础作物系数 K_{cb} 的修正

SIMDual_Kc 双作物系数模型中需要输入标准状况下的基础作物系数 K_{cb-ini}、K_{cb-mid}、K_{cb-end},根据当地的气象条件、种植模式、土壤水分等因素,模型采用 Allen 等(1998,2005)介绍的方法对基础作物系数进行了修正,最为常用的是气象修正和土壤水分胁迫修正。其中,气象因子修正方法为:当最小相对湿度 RH_{min} 不是 45% 或平均风速不是 2 m/s 时,大于 0.45 的 K_{cb-mid} 和 K_{cb-end} 用式(5-1)进行修正。

$$K_{cb} = K_{cb(推荐)} + [0.04(u_2 - 2) - 0.004(RH_{min} - 45)](h/3)^{0.3} \qquad (5\text{-}1)$$

式中：$K_{cb(推荐)}$ 为参照 FAO-56 推荐值选定的 $K_{cb\text{-}mid}$ 和 $K_{cb\text{-}end}$（大于 0.45）；u_2 为作物生长中期或后期 2 m 高度处的日均风速，m/s；RH_{min} 为作物生长中期或后期的日最小相对湿度（%），$20\% \leqslant RH_{min} \leqslant 80\%$；$h$ 为作物生长中期或后期的平均株高，m。

土壤水分胁迫的修正方法为：当土壤水势降低到它的阈值时，植物发生水分胁迫现象，土壤水分胁迫对作物蒸腾的影响通过基础作物系数 K_{cb} 乘以水分胁迫系数 K_w 表示。$0 \leqslant K_w \leqslant 1$，当 $K_w < 1$ 时，存在水分胁迫；当 $K_w = 1$ 时，不存在水分胁迫作用。土壤水分胁迫系数 K_w 采用下式计算：

$$K_w = \begin{cases} 1 & (D_r \leqslant RAW) \\ \dfrac{TAW - D_r}{TAW - RAW} = \dfrac{TAW - D_r}{(1 - p)TAW} & (D_r > RAW) \end{cases}$$
$$TAW = 1\,000(\theta_{FC} - \theta_{WP})Z_r \qquad (5\text{-}2)$$

式中：D_r 为根际层中的消耗水量，mm；RAW 为根际层中易被吸收的有效水量，mm；TAW 为根际层中的总有效水量，mm；p 为发生水分胁迫之前，作物能从根际层中消耗的水量与总有效水量的比值，$0 < p < 1$；θ_{FC} 为田间持水量，m^3/m^3；θ_{WP} 为凋萎含水率，m^3/m^3；Z_r 为根系层深度，m。

3. 土壤蒸发系数 K_e 的计算

模型中土壤蒸发系数 K_e 采用下述方法计算（Allen et al，1998；Allen et al，2005；Ritchie，1972）：

$$\left.\begin{array}{l} K_e = \min\{K_r(K_{c,max} - K_{cb}), f_{ew}K_{c,max}\} \\ K_{c,max} = \max(\{1.2 + [0.04(u_2 - 2) - 0.004(RH_{min} - 45)](h/3)^{0.3}\}, \{K_{cb} + 0.05\}) \\ f_{ew} = \min(1 - f_c, f_w) \end{array}\right\}$$
$$(5\text{-}3)$$

式中：K_{cb} 为基础作物系数；$K_{c,max}$ 为降雨或灌水后 K_c 的最大值；K_r 为土壤蒸发减小系数；f_{ew} 为裸露和湿润土壤所占的比例；h 为计算时段（生长初期、快速生长期、生长中期、生长后期）内作物的平均最大高度，m；f_c 为植物对地面的覆盖度[0~0.99]；$1 - f_c$ 为裸露土壤所占的比值[0.01~1]；f_w 为降雨或灌溉湿润的土壤表面所占的比值[0.01~1]；min{} 为括号内逗号隔开两个参数的最小值；max{} 为括号内逗号隔开两个参数的最大值；其他符号意义同前。

模型将裸露土壤的蒸发假定为两个阶段，即能量限制阶段和蒸发递减阶段。降雨或灌溉后 K_r 为 1，蒸发仅取决于所获取的用于蒸发的能量；表层土壤含水率减小，K_r 也随之减小；表层土壤用来蒸发的总水量都被消耗时，K_r 为 0。K_r 的计算公式如下：

$$K_r = \begin{cases} 1 & (D_{e,i-1} \leqslant REW) \\ \dfrac{TEW - D_{e,i-1}}{TEW - REW} & (D_{e,i-1} > REW) \end{cases}$$
$$TEW = 1\,000(\theta_{FC} - 0.5\theta_{WP})Z_e \qquad (5\text{-}4)$$

式中：$D_{e,i-1}$ 为第 $i-1$ 天末土壤表层蒸发量的累积深度，mm；REW 为第一阶段末的累积蒸发深度,mm;TEW 为表层土壤完全湿润时,可以被蒸发的最大水量,mm;θ_{FC} 为田间持水量,m^3/m^3;θ_{WP} 为凋萎含水率,m^3/m^3;Z_e 为蒸发土层的深度,m,一般取 0.10~0.15 m。

此外,模型中还考虑了不同覆盖措施对土壤蒸发的修正,方法是根据覆盖材料对土壤蒸发的抑制率和覆盖面积所占比例修正土壤蒸发系数。

4. 作物蒸发蒸腾量 ET_a 的计算

SIMDual_Kc 双作物系数模型中,作物蒸发蒸腾量的计算公式如下:

$$\left.\begin{array}{l} ET_a = K_c ET_0 = (K_s K_{cb} + K_e)ET_0 \\ T_a = K_s K_{cb} ET_0 \\ E_a = K_e ET_0 \end{array}\right\} \qquad (5\text{-}5)$$

式中:ET_a 为作物实际蒸发蒸腾量,mm;T_a 为作物蒸腾量,mm;E_a 为土壤蒸发量,mm。

5.3.2.2　模型的适用性

通过上述分析可知,SIMDual_Kc 双作物系数模型考虑了气象因子、水分胁迫、作物密度、间套作种植方式、地面覆盖等多个因素对作物蒸发蒸腾量的修正。然而,模型中并没有考虑盐分胁迫对作物蒸发蒸腾的影响。

盐分对水分有亲合性,作物从盐碱土中吸水需要额外的力,即盐分的存在降低了土壤溶液的总势能,导致作物可利用的有效水量减少,进而降低了作物的蒸发蒸腾量。根据 FAO 报道,当棉花根系层的土壤溶液电导率大于 7.7 dS/m 时,植株蒸腾量开始降低。因此,采用 SIMDual_Kc 双作物系数模型计算盐分胁迫条件下作物的蒸发蒸腾量时,需要对模型的模拟过程或相关参数进行必要的修正。

Allen 等(1998)在 FAO-56 中给出了一种计算盐分胁迫条件下作物蒸发蒸腾量的方法,即与土壤水分胁迫相似,土壤盐分胁迫对作物蒸腾的影响通过基础作物系数 K_{cb} 乘以盐分胁迫系数 K_d 表示。当 $0 \leq K_d < 1$ 时,存在盐分胁迫;当 $K_d = 1$ 时,不存在盐分胁迫。K_d 的计算公式为:

$$K_d = \begin{cases} 1 & (EC_e \leq EC_{e\text{-threshold}}) \\ 1 - \dfrac{b}{K_y 100}(EC_e - EC_{e\text{-threshold}}) & (EC_e > EC_{e\text{-threshold}}) \end{cases} \qquad (5\text{-}6)$$

式中:K_y 为产量响应因子,用来描述因土壤缺水引起作物蒸发蒸腾量减少而造成相对产量降低的程度,FAO-33 指出 K_y 因作物种类和各个生育阶段不同而异;EC_e 为作物根系层土壤溶液电导率,dS/m;$EC_{e\text{-threshold}}$ 为当作物产量开始低于最大期望产量时 EC_e 的阈值,dS/m;b 为 EC_e 每增加一个单位,产量减少的百分数,%/(dS/m)。FAO-33 和 FAO-56 中给出了各种作物全生育期的 K_y、EC_e 和 b 值,对于棉花而言,$K_y = 0.85$,$EC_{e\text{-threshold}} = 7.7$ dS/m,$b = 5.2$。

在不考虑土壤水分与盐分之间交互作用的前提下,即假设土壤水分胁迫与盐分胁迫对作物蒸发蒸腾量的影响相互独立,若以 K_{wd} 表示水盐联合胁迫($EC_e > EC_{e\text{-threshold}}$,$D_r > RAW$)作用下作物蒸腾量的衰减因子,$K_{wd}$ 的计算公式如下(Allen et al, 1998):

$$K_{wd} = K_w K_d = \frac{TAW - D_r}{TAW - RAW}\left[1 - \frac{b}{K_y 100}(EC_e - EC_{e\text{-threshold}})\right] \qquad (5\text{-}7)$$

由于土壤盐分对作物生长、产量和蒸发蒸腾量的影响是一个随着时间不断整合的过程,因此式(5-6)和式(5-7)只能近似地估算盐分对作物蒸发蒸腾的影响,而且代表了持续时段内(数周或数月)盐分对作物蒸发蒸腾量的一般影响,不可能精确地预报出某具体日的蒸发蒸腾量。此外,式(5-6)和式(5-7)不适用于土壤盐分过高的地区,一般要求 $EC_e <$ $EC_{e-threshold} + 50/b$ 。

由于土壤盐分的运移轨迹及其对棉花生长的影响过程非常复杂,当前对于盐分胁迫条件下逐日蒸发蒸腾量的估算,尚没有较为成熟的理论依据。可能正因如此,模型开发者未加考虑盐分胁迫对作物蒸发蒸腾量的影响。因为很难预知盐分的变化动态,故而在模型的模拟过程中添加盐分胁迫项非常难实现。

FAO-56 中提出,对于不具备正常生长条件或长势特征(密度、高度、叶面积及肥力或生长活力等较差)的植被,可以通过修正 K_c(K_{cb})来实现对作物蒸发蒸腾量的估算,K_c 的修正方法包括盐分胁迫修正、地表覆盖度修正、叶面积指数修正、气孔控制修正等。对于本书研究而言,4 个处理通过移栽补苗,棉花的密度一致;虽然高矿化度灌水处理的株高、叶面积指数有所降低,但彼此间的差异并不十分明显;各处理的土壤水分基本一致,盐分存在较大差异,但棉花生育期间根系层土壤溶液电导率的最大值不足 20 dS/m,即遭受的盐分胁迫作用并不重。因此,对于本书研究来说,当棉花某一生长阶段内 $EC_e > EC_{e-threshold}$,采用盐分胁迫因子修正相应阶段的作物系数,以此来体现盐分胁迫对作物蒸发蒸腾量的影响,这在理论上是可行的。

因此,采用 SIMDual_Kc 双作物系数模型计算咸水灌溉条件下覆膜棉花蒸发蒸腾量时,需要对基础作物系数进行修正:首先根据实测的土壤盐分,由式(5-6)计算棉花生长初期、快速生长期、生长中期和生长后期等 4 个阶段的盐分胁迫系数,之后采用盐分胁迫系数修正基础作物系数。

5.3.3 模型参数

对于本书研究,SIMDual_Kc 双作物系数模型中输入的参数主要包括气象参数、土壤参数、作物参数、灌水参数、渗漏参数、覆盖参数等 6 项,在实测值和 FAO-56 推荐值的基础上,各项参数的率定情况如下。

5.3.3.1 气象参数

气象参数是由自动气象站采集的数据计算而成的。本书研究输入的气象参数为:2012—2014 年棉花生长季每天的最小相对湿度 RH_{min}(%)、2 m 高度处的风速 u_2(m/s)、降水量 P(mm)、参照作物需水量 ET_0(mm)。其中,RH_{min} 和 u_2 用于修正基础作物系数 K_{cb},P 和 ET_0 用于水量平衡计算。

5.3.3.2 土壤参数

模型中的土壤参数分为两部分,一部分用来确定根系层的 Z_{r-max} 和 TAW,另一部分用来确定蒸发土层的 Z_e、TEW 和 REW。其中,Z_{r-max} 为作物根系层的最大深度,采用实测值或推荐值;Z_e 为蒸发土层深度,一般推荐为 0.10~0.15 m,可根据模拟结果进行微调。TAW、TEW、REW 等 3 个参数,既可以直接输入计算好的数值,也可以由模型根据输入的田间持水率、凋萎系数、土壤质地等参数计算。本书研究率定的土壤参数见表 5-5。

表 5-5　SIMDual_Kc 双作物系数模型中的土壤参数

	土层深度/m	0~0.3	0.3~0.8	0.8~1.0			
根系层	$\theta_{FC}/(cm^3/cm^3)$	0.35	0.43	0.38		Z_e/m	0.15
	$\theta_{WP}/(cm^3/cm^3)$	0.10	0.12	0.11	蒸发层	RAW/mm	45
	$Z_{r,max}/m$		1.0				
	TAW/mm		284			REW/mm	12

注:表中各符号的意义同前。

5.3.3.3　作物参数

作物参数包括:作物生长初期、快速生长期、生长中期和生长后期等阶段的起止日期; 各生长阶段发生水分胁迫之前,作物能从根际层中消耗的水量与总有效水量的比值 p;各 生长阶段起止日期对应的根系深度 Z_r、株高 h、地表覆盖度 f_c;基础作物系数 K_{cb-ini}、 K_{cb-mid}、K_{cb-end}。其中,p、Z_r 和 K_{cb} 用来确定水分胁迫系数 K_w;h 用来修正基础作物系数;f_c 用来计算土壤蒸发系数 K_e。2012—2014 年棉花生育期间,各生长阶段的起止日期及相应 的 Z_r、h、f_c、p 等参数见表 5-6。

表 5-6　SIMDual_Kc 双作物系数模型中的作物参数

项目	生长阶段				
	播种期	快速生长期	生长中期	生长后期	结束期
2012 年(月-日)	05-02	06-10	07-16	09-01	11-08
2013 年(月-日)	05-20	07-01	07-30	09-10	10-27
2014 年(月-日)	05-01	06-10	07-15	08-25	10-27
h_{S1}/m	0	0.29	0.88	0.92	0.92
h_{S2}/m	0	0.27	0.86	0.90	0.90
h_{S3}/m	0	0.23	0.76	0.80	0.80
h_{S4}/m	0	0.20	0.72	0.76	0.76
Z_{rS1}/m	0.20	0.30	0.80	1.00	1.00
Z_{rS2}/m	0.20	0.30	0.80	1.00	1.00
Z_{rS3}/m	0.20	0.25	0.70	1.00	1.00
Z_{rS4}/m	0.20	0.25	0.60	0.90	0.90
f_{cS1}	0	0.08	0.55	0.86	0.20
f_{cS2}	0	0.07	0.52	0.84	0.20
f_{cS3}	0	0.06	0.47	0.78	0.20
f_{cS4}	0	0.04	0.42	0.73	0.20
p_{ini}	0.65	0.65	0.65	0.65	0.65
p_{cal}	0.65	0.65	0.65	0.65	0.65

注:表中 h_{S1}~h_{S4}、Z_{rS1}~Z_{rS4}、f_{cS1}~f_{cS4} 分别为 S1 处理~S4 处理的株高、根系深度和地面覆盖度,采用 3 年实测值 的均值;p_{ini} 为 FAO 推荐的 p 值(棉花);p_{cal} 为率定的 p 值。

由于本书研究的某些处理棉花个别生长阶段根系层的土壤盐分达到了影响蒸发蒸腾量的阈值,因此需要对其基础作物系数进行修正。欲修正作物系数,须先计算盐分胁迫系数。Allen 等(1998)给出了盐分胁迫系数计算公式[(式5-6)]中各种作物所对应的参数,但同时也指出,不同地区及不同试验条件下参数 $EC_{e-threshold}$ 和 b 会有所偏差。由第 4 章可知,本书研究得出的棉花耐盐阈值与 Allen 等的推荐值比较接近。因此,棉花盐分胁迫系数计算参数 $EC_{e-threshold}$、b 和 K_y 均采用 FAO-56 推荐值,EC_e 采用各生育阶段的平均值。2012—2014 年不同处理棉花的盐分胁迫系数 K_d 如表 5-7 所示。

表 5-7　2012—2014 年不同处理棉花的盐分胁迫系数 K_d

年份	处理	生长初期	快速生长期	生长中期	生长后期
2012	S1	1.00	1.00	1.00	1.00
	S2	1.00	1.00	1.00	1.00
	S3	0.95	0.94	1.00	1.00
	S4	0.81	0.92	0.96	1.00
2013	S1	1.00	1.00	1.00	1.00
	S2	1.00	1.00	1.00	1.00
	S3	1.00	1.00	1.00	1.00
	S4	0.85	1.00	1.00	1.00
2014	S1	1.00	1.00	1.00	1.00
	S2	1.00	1.00	0.98	1.00
	S3	1.00	1.00	0.91	0.93
	S4	0.99	0.86	0.76	0.80

由表 5-7 可以看出,3 个棉花生长季,除 2014 年生长中期外,S1 处理和 S2 处理的蒸发蒸腾量均未受到盐分胁迫的影响,但 S3 处理和 S4 处理在很多阶段受到了盐分胁迫的影响,需要对其基础作物系数进行修正,修正公式如下:

$$
\left.
\begin{aligned}
K_{cb-ini-adj} &= K_{d-ini}K_{cb-ini} \\
K_{cb-mid-adj} &= \min\{K_{d-dev}K_{cb-mid}, K_{d-mid}K_{cb-mid}\} \\
K_{cb-end-adj} &= K_{d-end}K_{cb-end}
\end{aligned}
\right\}
\tag{5-8}
$$

式中:K_{cb-ini}、K_{cb-mid}、K_{cb-end} 分别为作物生长初始、中期和结束时的基础作物系数;$K_{cb-ini-adj}$、$K_{cb-mid-adj}$、$K_{cb-end-adj}$ 分别为作物生长初始、中期和结束时基础作物系数的修正值;K_{d-ini}、K_{d-dev}、K_{d-mid}、K_{d-end} 分别为作物生长初期、快速生长期、生长中期和生长后期等 4 个阶段的盐分胁迫系数。

本书的基础作物系数的率定方法是:①基于 FAO-56 推荐值,以 2012 年 S1 处理和 S2 处理的研究结果率定基础作物系数,以 2014 年的研究结果检验率定的基础作物系数;②2013 年播种时间较晚,同一生长阶段的土壤水、热、盐状况及气候条件与 2012 年和 2014 年差异较大,基础作物系数根据当年的研究结果单独率定;③对存在盐分胁迫的处理,采用盐分胁迫系数修正率定后的基础作物系数。基础作物系数率定值和修正值如表 5-8 和表 5-9 所示。

表 5-8　无盐分胁迫条件下率定的基础作物系数

年份	推荐值			率定值		
	K_{cb-ini}	K_{cb-mid}	K_{cb-end}	K_{cb-ini}	K_{cb-mid}	K_{cb-end}
2012				0.23	1.01	0.10
2013	0.15	1.10	0.40	0.15	1.05	0.10
2014				0.23	1.01	0.10

表 5-9　采用盐分胁迫系数修正后的基础作物系数

年份	处理	K_{cb-ini}	K_{cb-mid}	K_{cb-end}
2012	S1	0.23	1.01	0.10
	S2	0.23	1.01	0.10
	S3	0.22	0.95	0.10
	S4	0.19	0.93	0.10
2013	S1	0.15	1.05	0.10
	S2	0.15	1.05	0.10
	S3	0.15	1.05	0.10
	S4	0.13	1.05	0.10
2014	S1	0.23	1.01	0.10
	S2	0.23	0.99	0.10
	S3	0.23	0.92	0.09
	S4	0.23	0.77	0.08

5.3.3.4　灌水参数

灌水参数包括灌溉方式、灌溉湿润比、灌水日期和灌水量,用于蒸发土层和根系层的水量平衡计算。本书研究 4 个处理的灌溉方式、灌水日期和灌水量一致,2012—2014 年棉花生育期间灌水情况(不含播前造墒水)见表 5-10。

表 5-10　SIMDual_Kc 双作物系数模型中的灌水参数

灌溉方式	灌溉湿润比	灌水日期(年-月-日)	灌水量/mm
漫灌	1	2012-06-18	75
		2014-07-16	75

5.3.3.5　渗漏参数

试验区域地下水位在 5 m 以下,不考虑地下水补给,但需考虑深层渗漏。SIMDual_Kc

双作物系数模型中深层渗漏量的计算采用 Liu 等(2006)研究的方法。本书根据土壤物理性质和试验结果,率定的渗漏参数 a_p 和 b_p 分别为 400 和 $-0.016\ 8$。

5.3.3.6 覆盖参数

地膜覆盖是影响棉花蒸发蒸腾过程的重要因素。试验过程中,由于人为或自然原因,地膜存在破损现象,一般是随着棉花生育进程的推进,破损率逐渐增大。因此,在模拟棉花蒸发蒸腾过程中,地膜的破损率不容忽视。本书经过测算对棉花各生长阶段的破损率进行了概化,并输入模型中(见表 5-11)。

表 5-11 SIMDual_Kc 双作物系数模型中的覆盖参数

覆盖材料	覆盖时间(年-月-日)	覆盖面积比	(膜下)行数	株距/m	行距/m	放苗孔直径/m	生长阶段	覆盖面积比
							生长初期	0.50
塑料薄膜	2012-05-02	0.50	2	0.30	0.65	0.08	快速生长期	0.45
	2013-05-20						生长中期	0.40
	2014-05-01						生长后期	0.30

5.3.4 模拟结果

本节以 S1 处理和 S3 处理为例,阐述 2012—2014 年采用 SIMDual_Kc 双作物系数模型模拟的结果。

5.3.4.1 水分胁迫系数 K_w

图 5-12 显示了 2012—2014 年 SIMDual_Kc 双作物系数模型计算的土壤水分胁迫系数 K_w。由图 5-12 可以看出,2013 年,土壤水分充足,棉花整个生育时期蒸腾作用都未受到水分胁迫;2012 年仅在棉花生长前期遭受了水分胁迫;2014 年气候干旱,棉花很多时期都处于水分胁迫状态。

对比 S1 处理和 S3 处理不难看出,任一棉花生长季,两个处理土壤水分胁迫系数的变化趋势基本一致。然而,在 2012 年和 2014 年棉花生长初期和快速生长期,S3 处理的水分胁迫系数低于 S1 处理,原因是这两个生长阶段内 S3 处理棉花的根系深度略小于 S1 处理;在 2014 年棉花生长中期和后期,S3 处理的水分胁迫系数高于 S1 处理,原因是这两个时期 S3 处理棉花遭受了盐分胁迫,根系吸水速率减小,促使其对土壤水分的消耗相对较慢。

5.3.4.2 作物系数

图 5-13 和图 5-14 分别显示了 2012—2014 年 S1 处理和 S3 处理采用 SIMDual_Kc 双作物系数模型修正后的基础作物系数 K_{cb} 及模拟的土壤蒸发系数 K_e。由图 5-13 和图 5-14 可以看出,不同棉花生长季,各处理作物系数的差异非常大;同一棉花生长季,S1 处理和 S3 处理作物系数的变化趋势基本一致。

从图 5-13 和图 5-14 中还可以看出,任一棉花生长季,灌水或降雨后,土壤蒸发系数 K_e 迅速增大,干旱时期 K_e 很小,甚至为 0。覆膜明显降低了 K_e,2012—2014 年各处理棉花生育期间(覆膜后至收获)K_e 的最大值不足 0.65。

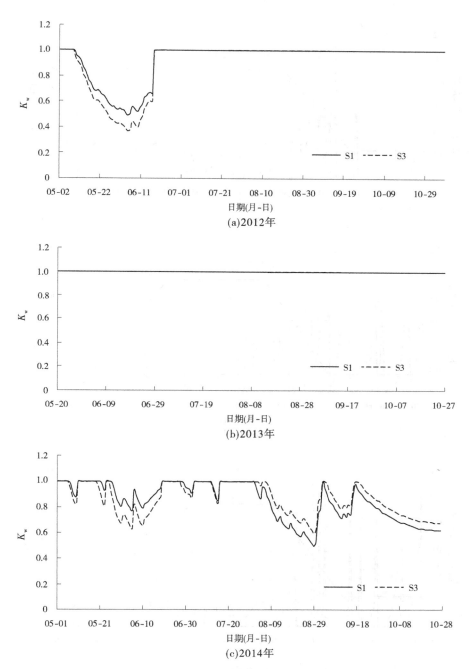

图 5-12　2012—2014 年 SIMDual_Kc 双作物系数模型计算的水分胁迫系数

5.3.4.3　逐日蒸发蒸腾量

图 5-15 给出了由 SIMDual_Kc 双作物系数模型模拟的 S1 处理和 S3 处理的逐日蒸发蒸腾过程,图 5-15 中 T-S1 和 E-S1 分别表示 S1 处理的植株蒸腾和土壤蒸发,T-S3 和 E-S3 分别表示 S3 处理的植株蒸腾和土壤蒸发。由图 5-15 可以看出,除苗期较为干旱的

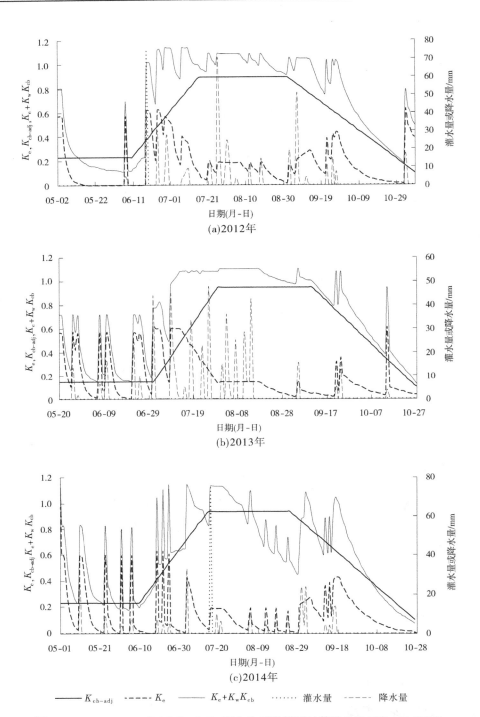

图 5-13　2012—2014 年 SIMDual_Kc 双作物系数模型计算的作物系数(S1 处理)

2012 年外,2013 年和 2014 年棉花生长前期土壤蒸发量较大,中后期较小;2012—2014 年棉花生长初期和后期植株蒸腾量较小,中期较大,这与实际情况相吻合。

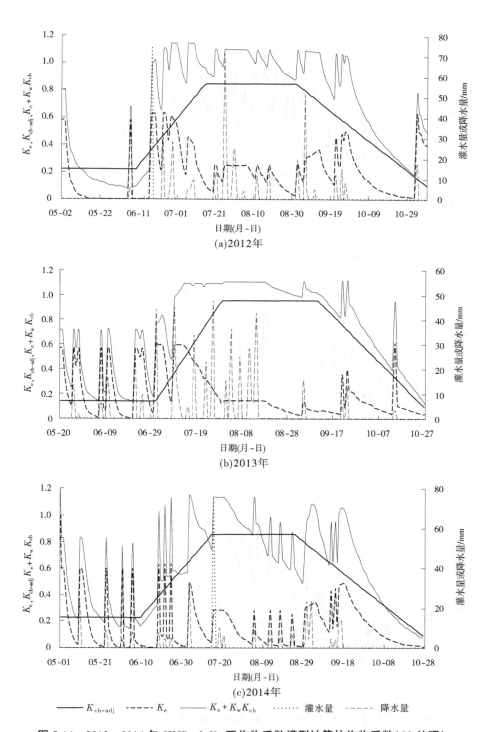

(a)2012年

(b)2013年

(c)2014年

$K_{cb\text{-}adj}$ ——　K_e ----　$K_e+K_wK_{cb}$ ——　灌水量 ……　降水量 ----

图 5-14　2012—2014 年 SIMDual_Kc 双作物系数模型计算的作物系数(S3 处理)

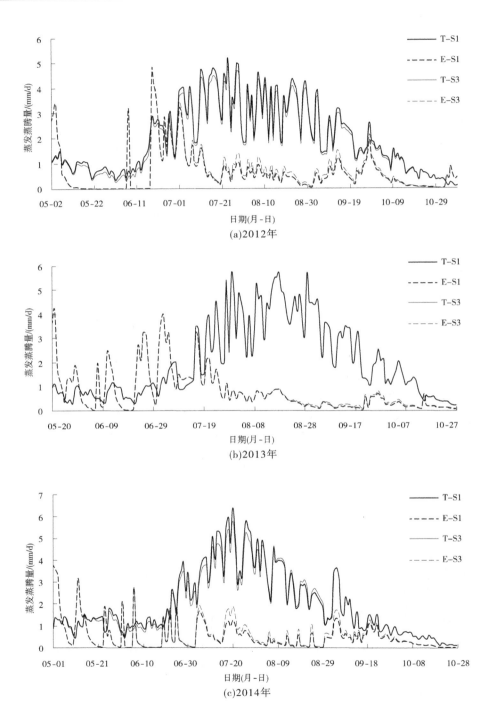

图 5-15　2012—2014 年 SIMDual_Kc 双作物系数模型计算逐日蒸发蒸腾量

　　不同灌水处理之间,2012 年和 2014 年 S1 处理的植株蒸腾量大于 S3 处理,土壤蒸发量与之相反,原因是 S3 处理遭受了盐分胁迫,导致根系吸水速率和蒸腾作用受到抑制,同时植株覆盖度亦较小,促使土壤蒸发量相对较大。2013 年,S1 处理的植株蒸腾量和土壤蒸发量均与 S3 处理相当,原因是两个处理均未遭受水分胁迫和盐分胁迫。

5.3.5 模型检验

由于没有植株蒸腾实测值,因此无法对 SIMDual_Kc 双作物系数模型模拟的逐日蒸腾过程进行验证。本书以实测的土壤蒸发量和采用水量平衡法计算的阶段作物系数检验模型的模拟效果。

5.3.5.1 阶段作物系数检验

根据表 5-2 给出的棉花苗期、蕾期、花铃期、吐絮期及全生育期的蒸发蒸腾量,可以计算对应阶段的实际作物系数 K_{c-act},以此检验 SIMDual_Kc 双作物系数模型计算的作物系数 K_{c-sim}。图 5-16 给出了 3 个棉花生长季各处理作物系数模拟值与实测值的回归关系,显而易见,作物系数模拟值与实测值的吻合效果较好。

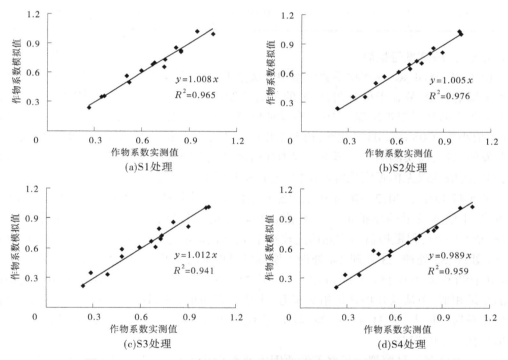

图 5-16 2012—2014 年阶段作物系数模拟值与实测值的回归方程

从图 5-16 中可以发现,S3 处理和 S4 处理作物系数模拟的精度略低于 S1 处理和 S2 处理,即 S3 处理和 S4 处理某些生长阶段作物系数的模拟值与实测值偏差相对较大。这可能是由盐分胁迫作用导致的,因为模拟过程中仅考虑了棉花生长初期、快速生长期、生长中期和生长后期等 4 个阶段平均盐分对蒸发蒸腾量的影响。试验过程中可能会出现:某一生长阶段有数天的土壤盐分高于阈值,但平均盐分并没达到阈值;或者某一生长阶段有数天的土壤盐分低于阈值,但平均盐分却高于阈值,这种情况下即会导致模拟结果出现偏差。

表 5-12 列出了各处理阶段作物系数模拟结果的评价指标,显而易见,S1 处理、S2 处理、S3 处理、S4 处理模拟值与实测值之比接近 1:1,相关系数大于 0.97,绝对误差和标准误差不足 0.06 mm/d,相对误差不足 8.5%,拟合度大于 0.98。按照 Moriasi 等(2007)研究的评价标准,各处理阶段作物系数的模拟值达到了非常高的精度。

表 5-12　2012—2014 年各处理棉花作物系数模拟结果评价

处理	AAE/ (mm/d)	RMSE/ (mm/d)	MRE/%	d
S1	0.034 2	0.042 1	5.20	0.990 9
S2	0.029 9	0.034 9	5.36	0.994 0
S3	0.043 4	0.055 5	8.26	0.985 3
S4	0.034 0	0.045 8	6.69	0.990 4

5.3.5.2　土壤蒸发量检验

由于 SIMDual_Kc 双作物系数模型中土壤蒸发量的计算过程未考虑下层土壤水分对蒸发土层的补给,故在干旱时期,模拟的土壤蒸发量非常小甚至为 0,但实际过程中土壤蒸发量为 0 的情景很难出现。因此,在验证模拟的土壤蒸发量时,没有考虑非常干旱时期(模拟值小于 0.05 mm/d)。此外,模型给出的蒸发量是包括覆膜面积在内的单位面积土壤蒸发的水量,而实测的土壤蒸发量仅为裸露部分蒸发的水量,因此需要对实测值进行修正,即实测值乘以无覆膜面积所占比例,之后才能用于检验模拟的蒸发量。

图 5-17 显示了 2012—2014 年土壤蒸发量模拟值与实测值的回归关系。由图 5-17 可以看出,土壤蒸发量的模拟值与实测值存在较好的一致性,回归方程的相关系数大于 0.78($R^2 > 0.60$),但模拟值与实测值之比小于 1,即模拟值总体上偏小。由表 5-13 可以看出,S1 处理、S2 处理、S3 处理、S4 处理土壤蒸发模拟值与实测值的绝对误差为 0.32~0.34 mm/d,标准误差为 0.15~0.17 mm/d,拟合度为 0.86~0.87,这与赵娜娜等采用该模型模拟的结果相似,单从这几项评价指标来看,土壤蒸发量的模拟效果较为理想。然而,模拟值的相对误差偏大,为 31.17%~34.47%,这说明土壤蒸发的模拟结果总体可信,但过程模拟存在一定的误差。

逐日土壤蒸发量模拟效果略差的原因主要有 3 个方面:一是本书研究的棉花生长初期和后期降雨较少,表层土壤干燥,而土壤蒸发计算理论未考虑下层土壤水分的补给,由此导致模拟值可能偏小。二是微型蒸渗仪中没有根系(吸水)竞争水分,致使测定的土壤蒸发强度可能偏大。三是测定值受微型蒸渗仪布设位置、换土频率、称重时间等因素的影响,不可能与土面实际蒸发完全一致;2012—2014 年试验期间,仅在裸露行(宽行)中心处布设了微型蒸渗仪,此处地表覆盖度最小,测定值必然偏大。综合各方面因素,本书中 SIMDual_Kc 双作物系数模型计算的土壤蒸发量具有一定的代表性。

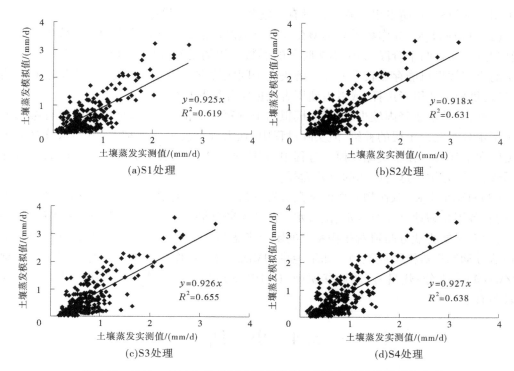

图 5-17　2012—2014 年各处理土壤蒸发量模拟值与实测值的回归方程

表 5-13　2012—2014 年各处理土壤蒸发量模拟结果评价

处理	AAE/（mm/d）	RMSE/（mm/d）	MRE/%	d
S1	0.332 4	0.159 9	34.47	0.856 7
S2	0.326 3	0.154 6	34.38	0.864 0
S3	0.321 6	0.155 4	31.17	0.871 5
S4	0.343 5	0.172 1	31.61	0.865 3

　　基于上述分析，在较低矿化度咸水灌溉条件下，采用简单修正后的 SIMDual_Kc 双作物系数模型估算棉花蒸发蒸腾量是可行的。这种方法对作物某一阶段蒸发蒸腾量的估算精度非常高，对某一日的估算效果相对略差。

5.3.6　模拟过程中发现的问题

　　应用过程中，发现 SIMDual_Kc 双作物系数模型存在以下几个问题：

　　（1）在播前造墒和覆膜植棉条件下，棉花播种至出苗期间一般不会出现水分胁迫，但模拟结果却时常出现水分胁迫。原因是由模型计算的植株日蒸腾量为 $K_{\text{cb-ini}}\text{ET}_0$，当 ET_0 较大时，计算的日蒸腾量可能也较大。实际上，在播种至出苗阶段，植株蒸腾量很微小，几乎为 0。这说明在棉花萌发出苗期，模型计算的植株蒸腾量偏大。此外，该模型虽然考虑了地膜覆盖对土壤蒸发的抑制作用，但只是对整体土壤蒸发强度进行了修正。事实上，由于采用膜下植棉,在萌发出苗阶段并没有土壤蒸发与植株蒸腾竞争水分。

(2)SIMDual_Kc 双作物系数模型在计算土壤蒸发系数 K_e 时,将土壤蒸发分成了能量限制和蒸发递减两个阶段,其中第 2 阶段的参数采用的是经验值。这种理论对不同类型土壤的应用效果可能存在较大差异。解决这个问题的方法是提供不同类型土壤适宜的蒸发参数,供模型使用者选择,或者由使用者根据实际情况自行率定蒸发参数。

此外,在灌水或降雨较少的时期,模拟的土壤蒸发值偏小,原因是模型中没有考虑下层土壤水分对蒸发土层的补给,但实际过程中,在大气蒸发力的带动下,下层水分会沿土壤毛管向上运移。在土壤蒸发模拟过程中,若能加入 1 项下层土壤水分补给函数或者补给系数,可能是解决这一问题的有效途径。

(3)SIMDual_Kc 双作物系数模型没有考虑盐分胁迫对作物蒸发蒸腾过程的影响。当今,随着各国盐碱地开发及咸水、微咸水利用的不断开展,盐分胁迫成为经常遇到的问题。因此,很有必要将盐分胁迫对作物系数的影响考虑进去。解决这一问题的难点是根系层土壤盐分动态很难模拟或预测。如果能将 SIMDual_Kc 双作物系数模型与根区水质模型(RZWQM)或水分–热量–溶质运移模型(HYDRUS)相结合,可能对于解决一些非常规问题较为有益。

5.4　小　结

(1)土壤蒸发受地表含水率、植株覆盖度和大气蒸发力等 3 个因素的共同影响,不同矿化度灌水处理的地表含水率和植株覆盖度有所不同,导致土壤蒸发规律存在差异。3 年试验研究表明,棉花苗期 1 g/L 灌水处理的土壤蒸发强度普遍大于 3 g/L、5 g/L、7 g/L,原因是咸水造墒有增加土壤容重、降低土壤导水率和通透性的趋势;蕾期和花铃期,5 g/L 和 7 g/L 灌水处理的土壤蒸发强度大于 1 g/L 和 3 g/L 灌水处理的土壤蒸发强度,原因是高矿化度灌水处理棉花叶面积对地面的覆盖度较小;吐絮期,4 个灌水处理之间土壤蒸发强度大小相当。从棉花整个生育阶段来看,土壤蒸发强度呈现了随着灌溉水矿化度的增加而增大的趋势。

(2)咸水灌溉下棉花耗水量和耗水规律在年际间的差异很大,这种差异主要由气象因子、土壤水盐状况和棉花长势引起。年内,灌溉水矿化度对棉花耗水过程亦产生了一定的影响,但其影响效应并没有明确的规律可循。从 3 年研究结果来看,1 g/L、3 g/L、5 g/L、7 g/L 灌溉水质对棉花生育期总耗水量的影响不明显,除 2014 年 7 g/L 灌水处理的耗水量显著降低外,2014 年其余 3 个处理以及 2012 年、2013 年所有处理之间的耗水量差异均不显著。

(3)任一棉花生长季,3 g/L 和 5 g/L 灌水处理棉花的水分利用效率与 1 g/L 处理间的差异均较小,彼此间未达显著水平。7 g/L 灌水处理的水分利用效率普遍低于 1 g/L 处理,2012 年、2013 年、2014 年 7 g/L 灌水处理的水分利用效率分别降低了 8.86%、11.55% 和 4.05%,其中,2012 年和 2013 年处理间的差异达显著性水平。由此说明,3 g/L 和 5 g/L 微咸水灌溉对棉花产量、耗水量和水分利用效率的影响都很小,但 7 g/L 咸水灌溉明显降低了棉花产量和水分利用效率。

　　(4)本书在 SIMDual_Kc 双作物系数模型的基础上,提出了一种估算较低矿化度咸水灌溉下覆膜棉田蒸发蒸腾量的方法,即通过盐分胁迫系数对基础作物系数进行修正后,再采用 SIMDual_Kc 双作物系数模型对覆膜棉田蒸发蒸腾过程进行模拟。检验发现,该方法对棉花某一阶段蒸发蒸腾量的估算精度非常高,对某一日的估算效果相对略差。这种模拟对于指导制定咸水灌溉制度具有重要意义。然而,该模拟方法存在一定的局限性,一是在不能获取 SIMDual_Kc 双作物系数模型源代码的情况下,无法实现对作物系数的逐日修正,只能采用某一阶段的平均盐分胁迫系数对同阶段的基础作物系数进行修正;二是需要预知棉花各生长阶段的盐分胁迫系数,对根系层盐分运移过程进行模拟是精准获取盐分胁迫系数的有效途径。

第6章　咸水灌溉条件下覆膜棉田
水盐运移模拟

由前几章可知,受地膜覆盖、咸水灌溉、降雨、棉田蒸发蒸腾的影响,棉花生育期间土壤水分和盐分处于复杂的变化过程中;同时,土壤水分和盐分的含量与分布又会对土壤质量和棉花生长产生重要影响。准确模拟覆膜棉田水盐运移过程是预测土壤水盐分布和含量的基本前提,亦是指导和优化咸水安全灌溉不可或缺的一个环节。本章拟利用HYDRUS-2D模型对覆膜棉田水盐运移进行模拟,通过实测值和模拟值的对比评价模型的可靠性,在此基础上获取科学可信的模型参数,为进行农田水盐预测提供保障。

6.1　模型介绍

6.1.1　HYDRUS模型简介

HYDRUS模型由美国国家盐土改良实验室于1991年研制成功,是一套用于模拟变量饱和多孔介质中水分、能量和溶质运移的数值模型。近些年,经过不断改进与完善,先后出现了HYDRUS-1D、HYDRUS-2D、HYDRUS-3D等系列模型。该模型能较好地模拟水分、溶质与能量在土壤中的运移规律和变化特征,分析人们普遍关注的农田灌溉和土壤质量等实际问题(单鱼洋,2012)。

HYDRUS-2D模型是Rassam等(1999)研发的可用于模拟非饱和土壤中水分、热量和溶质二维运动的有限元计算机模型。该模型的水流状态为二维饱和-非饱和达西水流,忽略空气对土壤水流运动的影响。水分运动采用修改过的Richards方程,即在方程中嵌入源汇项以考虑作物根系吸水;溶质和热运动采用对流-弥散方程。程序可以灵活处理定水头和变水头边界、给定流量边界、渗水边界、自由排水边界、大气边界及排水沟等各类水流边界条件。模拟水流区域可以为规则或不规则水流边界,土壤结构组成可以是均质或非均质。通过对水流区域进行不规则三角形、三棱柱或三棱锥网格剖分,控制水流和传输方程均采用伽辽金(Galerkin)线状有限元法进行求解,采用隐式差分对时间进行离散,用迭代法将离散化后的非线性控制方程线性化(Šimůnek et al,1998)。

地膜覆盖改变了土-气界面的能量传输过程,对农田土壤具有显著的增温和保温作用。然而,HYDRUS-2D模型并未考虑地膜或秸秆覆盖等边界变化对能量传输的影响效应,即HYDRUS-2D模型尚不能直接对咸水灌溉条件下覆膜棉田水热盐耦合运移进行数值模拟。因此,本章不考虑土壤热流运动,仅对水盐二维移过程进行模拟。

6.1.2　控制方程

6.1.2.1　水分运动基本方程

覆膜棉田采用畦灌进行灌溉时,土壤水分沿着水平和垂直两个方向运动,属于二维非饱和土壤水流运动。在假定各层土壤均质且各向同性以及水分运动过程中土壤结构不变的前提下,二维非饱和水流控制方程如下所示:

$$\frac{\partial \theta}{\partial t} = \frac{\partial}{\partial x}\left[D(\theta)\frac{\partial \theta}{\partial x} \right] + \frac{\partial}{\partial z}\left[D(\theta)\frac{\partial \theta}{\partial z} \right] + \frac{\partial K(\theta)}{\partial z} - S$$

$$= \frac{\partial}{\partial x}\left[K(\theta)\frac{\partial h}{\partial x} \right] + \frac{\partial}{\partial z}\left[K(\theta)\frac{\partial h}{\partial z} \right] + \frac{\partial K(\theta)}{\partial z} - S \tag{6-1}$$

式中:θ 为土壤体积含水率,cm^3/cm^3;t 为时间,d;x、z 为空间坐标,cm;$D(\theta)$ 为非饱和土壤水分扩散率,cm/d;$K(\theta)$ 为非饱和土壤导水率,cm/d;h 为土壤负压,cm;S 为根系吸水项,d^{-1}。其中,$K(\theta)$ 和 S 分别采用式(6-2)和式(6-3)计算:

$$\left.\begin{aligned} K(\theta) &= K_s \theta_e^l [1 - (1 - \theta_e^{1/m})^m]^2 \\ \theta_e &= \frac{\theta(h) - \theta_r}{\theta_s - \theta_r} = (1 + |\alpha h|^n)^{-m} \end{aligned}\right\} \tag{6-2}$$

$$S(h, h_\phi, x, z) = \alpha(h, h_\phi, x, z) b(x, z) S_t T_p \tag{6-3}$$

式中:K_s 为土壤饱和导水率,cm/d;θ_e 为土壤相对饱和度;θ_r 为凋萎含水率,cm^3/cm^3;θ_s 为饱和含水率,cm^3/cm^3;m、n 为土壤水分特征曲线形状系数,其中,$m = 1 - 1/n$,$n > 1$;α 是与土壤物理性质有关的参数;l 为经验拟合参数,通常取平均值 0.5;$\alpha(h, h_\phi, x, z)$ 为水盐胁迫函数;h_ϕ 为渗透压力,cm;$b(x, z)$ 为根系分布函数,cm^{-2};S_t 为与蒸腾关联的地表长度,cm;T_p 为潜在蒸腾速率,cm/d。

6.1.2.2　溶质运移方程

以土壤可溶性盐为研究对象,以土壤水溶液浓度为主要指标,根据多孔介质溶质的对流-弥散运移理论,模型中土壤溶质运移方程如下:

$$\frac{\partial(\theta c)}{\partial t} = \frac{\partial}{\partial x}\left(\theta D_{xx}\frac{\partial c}{\partial x} \right) + \frac{\partial}{\partial x}\left(\theta D_{xz}\frac{\partial c}{\partial z} \right) + \frac{\partial}{\partial z}\left(\theta D_{zz}\frac{\partial c}{\partial z} \right) +$$

$$\frac{\partial}{\partial z}\left(\theta D_{zx}\frac{\partial c}{\partial x} \right) - \frac{\partial}{\partial x}(q_x c) - \frac{\partial}{\partial z}(q_z c) + q_s c_s \tag{6-4}$$

式中:D 为土壤弥散系数,cm^2/d;q 为水流通量,cm/d;q_s 为源汇项,d^{-1};c 为土壤溶液质量浓度,g/L;c_s 为源汇项溶液质量浓度,g/L;x、z 为空间坐标,cm。

6.2　模拟过程介绍

　　HYDRUS-2D 模型模拟程序是将所有信息按照一定的顺序输入,而最终进行统一计算输出结果。模拟过程中,主要包括模拟区域的选定、初始条件和边界条件的确定、模型参数的率定等重要环节。

6.2.1　模拟区域

　　本书棉花采用宽窄行种植,宽行 80 cm、窄行 50 cm,播后窄行覆膜,覆膜面积与裸地面积比约为 1∶1(见图 2-2);覆膜改变了土–气界面水热传输过程,导致覆膜处与裸露处水盐分布呈现差异,据此确定模拟区域的水平尺寸。棉花根系主要分布在 0~60 cm 土层,最大下扎深度为 100~120 cm。鉴于试验田 0~140 cm 土层质地以粉粒和黏粒为主,140~200 cm 土层质地以砂粒为主(见表 2-3),可知盐分被淋洗至 140 cm 土层以下时,很难再返回根系层。本着重点关注棉花根系层水盐动态的原则,确定模拟区域的垂直尺寸。模拟区域如图 6-1 所示,即以窄行中心至宽行中心作为横向坐标,长度为 65 cm;以垂直方向作为纵向坐标,长度为 140 cm。

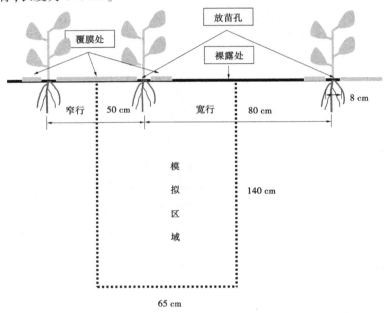

图 6-1　模拟区域的田间剖面图

6.2.2　模拟内容和时间信息

　　HYDRUS–2D 软件界面中,有水流运动、溶质迁移、热量运动及根系吸水等选项,根据实际需要选择模拟过程。本章不考虑热量运动,设定界面如图 6-2(a)所示。其中,土壤水分运动模拟输入和输出的均为体积含水率 θ,单位为 cm³/cm³;溶质运移模拟输入和输出的均为土壤溶液电导率 EC_{sw}[由式(2-7)换算],单位为 dS/m。模拟时采用土壤溶液电导率表征盐分,目的是便于计算根系吸水方程中的盐分胁迫系数。

　　此外,模拟过程中,需要确定时间单位、模拟时长、时间间隔及步长,图 6-2(b)为 2014年时间信息的设定界面。

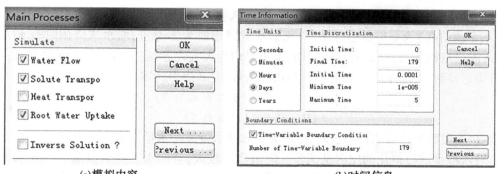

(a)模拟内容　　　　　　　　　　(b)时间信息

图 6-2　模拟内容与时间信息设定界面

6.2.3　初始条件与边界条件

6.2.3.1　初始条件

图 6-3(a)和 6-3(b)分别为 HYDRUS-2D 软件中土壤水流运动和溶质运动初始条件的设定界面。初始条件对模拟结果具有重要影响,水盐的初始分布可以是均匀、线性或不均匀分布。模拟过程中,根据实测值进行输入。

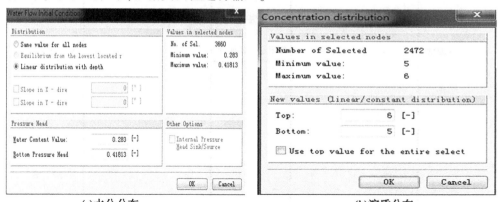

(a)水分分布　　　　　　　　　　(b)溶质分布

图 6-3　土壤水流运动和溶质运动初始条件设定界面

模拟区域内,土壤水盐运移的初始条件用公式表示如下:

$$\theta(x,z,t) = \theta_0(x,z), c(x,z,t) = c_0(x,z) \quad (0 \leqslant x \leqslant 65, -140 \leqslant z \leqslant 0, t = 0)$$

$$(6-5)$$

式中:$\theta_0(x,z)$ 为土壤初始体积含水率,cm^3/cm^3;$c_0(x,z)$ 为土壤初始盐度,dS/m,二者均采用棉花播种后的实测值;t 为时间,d;x、z 为空间坐标,cm,以模拟区域左上角为坐标原点绘图,x 轴向右为正,z 轴向上为正。

6.2.3.2　边界条件

图 6-4 给出了模拟区土壤水分运动和溶质运动边界条件的设定界面。对于水分运动而言,试验区浅层地下水埋深在 5 m 以下,模拟区典型剖面底部为自由排水边界;左右为对称面,边界条件可视为零通量。上边界分为两种情况,棉花生育期,无覆膜处(含放苗

孔)为大气边界条件,有土面蒸发及灌水、降雨入渗,入渗量为灌溉或降雨的实际值;覆膜处(不含放苗孔)为变流量边界条件,无灌水或降雨时为零通量,灌水或降雨时有水分入渗,入渗量可概化为式(6-6)。休闲期,上边界均为大气边界,有土面蒸发和降水入渗。对于溶质运移而言,上下边界均为第三类边界条件,左右边界为零通量。

$$P' = \begin{cases} 0 & (0 \leqslant P \leqslant 0.5) \\ P - 0.5 & (P > 0.5) \end{cases} \tag{6-6}$$

式中:P' 为覆膜处实际入渗量,cm/d;P 为实际灌水量或降水量,cm/d。

对入渗量进行概化的原因是试验区降雨强度较大,且灌水方式为漫灌。当降水量或灌水量较大时,水分通过膜孔和膜侧流入膜下进行垂直入渗,形成了类似膜下灌;同时,部分水分被阻隔在地膜上,无法进入土壤。当降水量较小时,无法形成水流,覆膜区接纳的雨水几乎全部滞留在地膜上,不能被棉花利用。

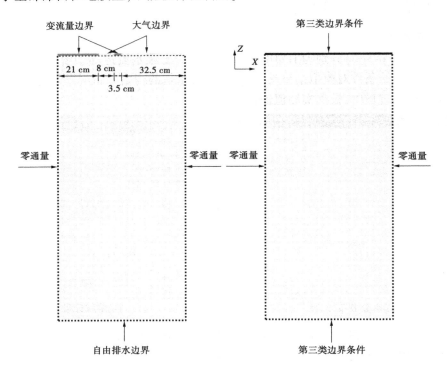

(a)水流运动边界   (b)溶质运动边界

图6-4 土壤水流运动和溶质运动边界条件设定界面

对棉花生育期间进行土壤水盐运移模拟时,式(6-1)的边界条件为

$$\left. \begin{array}{l} -D(\theta)\dfrac{\partial\theta}{\partial z} - K(\theta) = q_e(t) + q_p(t) \quad (21 \leqslant x \leqslant 29, 32.5 \leqslant x \leqslant 65, z = 0) \\[3mm] -D(\theta)\dfrac{\partial\theta}{\partial z} - K(\theta) = q_f(t) \quad (0 \leqslant x \leqslant 21, 29 \leqslant x \leqslant 32.5, z = 0) \\[3mm] \dfrac{\partial\theta}{\partial z} = 0 \quad (0 \leqslant x \leqslant 65, z = -140) \end{array} \right\} \tag{6-7}$$

式(6-4)的边界条件为

$$
\left.\begin{aligned}
-\theta D_{xz}\frac{\partial c}{\partial x} - \theta D_{zz}\frac{\partial c}{\partial z} + qc &= q_{\mathrm{p}}c_{\mathrm{p}}(t) \quad (21 \leqslant x \leqslant 29, 32.5 \leqslant x \leqslant 65) \\
-\theta D_{xz}\frac{\partial c}{\partial x} - \theta D_{zz}\frac{\partial c}{\partial z} + qc &= q_{\mathrm{f}}c_{\mathrm{f}}(t) \quad (0 \leqslant x \leqslant 21, 29 \leqslant x \leqslant 32.5) \\
\frac{\partial c}{\partial z} &= 0 \quad (0 \leqslant x \leqslant 65, z = -140)
\end{aligned}\right\} \quad (6-8)
$$

式中:q_{e}、q_{f}、q_{p} 分别为土面蒸发量、覆膜处流量和裸露处流量,cm/d; q 为边界处流量,cm/d; c 为边界处水溶液的电导率,dS/m;c_{f}、c_{p} 分别为覆膜处和裸露处水流的电导率,dS/m。

6.2.4　模型参数

6.2.4.1　水分和溶质运动参数

土壤水力参数是模拟水盐运移的重要参数。HYDRUS-2D 软件中包括了 7 种不同的水力函数模型,模拟时可根据实际情况进行选择。本书均选择 van Genuchten-Mualem 水力模型。

根据试验区土壤剖面质地层次分布特征,模拟过程中将 0~140 cm 土体划分为 3 个层次。各层土壤水盐运动参数的确定方法是:首先通过以下 3 种途径确定各项参数的大致范围。①根据实际测定的各层土壤颗粒组成和容重,用 HYDRUS-2D 软件自带的 Rosetta Lite V 1.1 程序模拟预测各层土壤水力属性参数;②根据土壤水分特征曲线测试结果,利用 RETC 软件模拟土壤水分特征曲线初始参数(Schaap et al,2001),通过水平入渗仪测定土壤水分扩散率,据此获取各层土壤的水力属性参数;③HYDRUS 软件水流模块中 Soil Catalog 项给出的典型土壤的水力属性参数。之后利用 2013 年和 2014 年实测水分和盐分数据,对各项水盐运动参数进行率定和验证。结果见表 6-1 和表 6-2。

表 6-1　土壤水力特征参数

土壤层次/cm	凋萎含水率 θ_{r}/(cm³/cm³)	饱和含水率 θ_{s}/(cm³/cm³)	进气值相关参数 α/cm	形状系数 n	饱和导水率 K_{s}/(cm/d)	土壤空隙参数 l
0~30	0.105	0.40	0.031	1.58	12.89	0.5
30~80	0.12	0.49	0.035	1.20	9.25	0.5
80~140	0.11	0.42	0.026	1.32	10.95	0.5

表 6-2　溶质运移参数

土壤层次/cm	土壤容重/(g/cm³)	纵向弥散系数 D_{L}/cm	横向弥散系数 D_{T}/cm
0~30	1.40	25	2.6
30~80	1.43	36	3.8
80~140	1.51	16	1.6

6.2.4.2　根系吸水参数

根系吸水方程[式(6-3)]中,潜在蒸腾速率 T_p 采用下式计算(Ritchie,1972):

$$\left. \begin{aligned} T_p &= \mathrm{ET}_p - E_p = K_c \mathrm{ET}_0 - E_p \\ E_p &= \mathrm{ET}_p \mathrm{e}^{-k\mathrm{LAI}} \end{aligned} \right\} \tag{6-9}$$

式中:ET_0 为参照作物蒸发蒸腾量,cm/d;ET_p 为作物潜在蒸发蒸腾量,cm/d;E_p 为土壤潜在蒸发量,cm/d;K_c 为单作物系数,参照 FAO-56,模拟中棉花生长初期、中期和后期 K_c 分别取 0.35、1.20 和 0.40;LAI 为叶面积指数,由式(2-3)计算,棉花叶面积变化过程分增长阶段和衰减阶段,以播种后天数作为自变量,增长阶段符合 Logistic 增长模型,衰减阶段为二次曲线,由此可获取逐日叶面积指数;k 为消光系数,取实测值 0.88。

根系吸水方程中,水盐胁迫函数 $\alpha(h,h_\phi)$ 的计算公式如下(Feddes et al,1978;Forkutsa et al,2009;Maas et al,1977):

$$\left. \begin{aligned} \alpha(h,h_\phi) &= \alpha_1(h)\alpha_2(h_\phi) \\ \alpha_1(h) &= \begin{cases} 0 & (h > h_1 \text{ 或 } h < h_4) \\ (h-h_1)/(h_2-h_1) & (h_2 < h \leqslant h_1) \\ 1 & (h_3 < h \leqslant h_2) \\ (h-h_4)/(h_3-h_4) & (h_4 < h \leqslant h_3) \end{cases} \\ \alpha_2(h_\phi) &= \begin{cases} 1 & h_\phi \leqslant 7.7 \\ 1 - 0.052(h_\phi - 7.7) & h_\phi > 7.7 \end{cases} \end{aligned} \right\} \tag{6-10}$$

式中:$\alpha_1(h)$ 为水分胁迫函数;$\alpha_2(h_\phi)$ 为盐分胁迫函数;h_ϕ 为土壤溶液电导率,dS/m;h、h_1、h_2、h_3、h_4 分别为土体孔隙完全被水充满时、土体达到最大毛管持水率时、土壤中毛管水因作物吸收和地表蒸发而发生断裂时、作物产生永久凋萎时对应的负压值,取值分别为 -10 cm、-25 cm、-200 cm、-600 cm 和 $-14\,000$ cm(Feddes et al,1978;Wang et al,2004)。

模拟过程中,棉花根系分布函数 $b(x,z)$ 基于根系观测资料确定,根系分布设定界面见图 6-5。图 6-5 中划分了 A、B、C、D 共 4 个区域,依次分层输入根系取样点 2、1、3、4 处根长密度的观测值。HYDRUS-2D 软件未考虑根系生长过程,即根系分布默认是固定的,本书输入的是 2014 年花铃期(2014 年 8 月 1 日)的测定值。

6.2.5　观察点布设

典型剖面(模拟区域)模拟结果的观察点根据田间水盐测定布点情况选定(见图 6-6)。图 6-6 中水盐取样点 1、2、3、4 与图 2-2 中一一对应。HYDRUS-2D 模型最多仅能设定 30 个观察点。本书重点模拟 0~100 cm 土层的水盐动态,水盐取样点 1 和 4 各设置了 8 个观察点,分别位于地下 5 cm、15 cm、25 cm、35 cm、45 cm、55 cm、70 cm 和 90 cm 处,依次表征 0~10 cm、10~20 cm、20~30 cm、30~40 cm、40~50 cm、50~60 cm、60~80 cm 和 80~100 cm 等 8 层土壤的水盐情况;水盐取样点 2 和 3 各设置了 7 个观察点,分别位于地下 5 cm、15 cm、25 cm、35 cm、45 cm、55 cm 和 70 cm 处,依次表征 0~10 cm、10~20 cm、20~30 cm、30~40 cm、40~50 cm、50~60 cm 和 60~80 cm 等 7 层土壤的水盐情况。

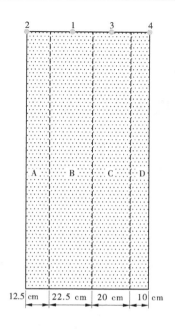

图 6-5　根系分布设定界面

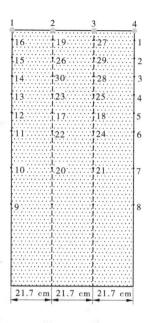

图 6-6　观察点设定界面

6.3　模拟结果与验证

根据前面的设置,HYDRUS-2D 模型输出的结果包括观察点含水率和土壤溶液电导率随时间的变化情况、压力梯度和边界通量随时间的变化情况,以及迭代时间和质量平衡信息等。本节重点关注土壤水分和盐分信息,以实测的土壤含水率和电导率比对和检验模拟结果的可靠性。试验过程中,土壤水分和盐分测定的分别是质量含水率和水土比5:1悬浊液电导率,需先将质量含水率乘以相应土层的容重转换为体积含水率、将水土比5:1悬浊液电导率采用式(2-2)和式(2-7)转换为土壤溶液电导率,之后才能用于模型检验。

6.3.1　模拟值与观测值对比分析

6.3.1.1　土壤水分

图 6-7、图 6-8 分别给出了 2013—2014 年 7 g/L 灌水处理(S4 处理)不同点位土壤水分(体积含水率)的模拟值和观测值。由图 6-7、图 6-8 可以直观地看出,棉花生育期间,无论何种降雨年型(2013 年为丰水年、2014 年为干旱年)、有无咸水补灌(2013 年无补灌、2014 年有补灌),不同点位土壤水分的模拟值与观测值均存在很好的一致性。1 g/L(S1处理)、3 g/L(S2 处理)、5 g/L(S4 处理)灌水处理土壤水分模拟值与观测值的对照情况与 7 g/L 灌水处理相似。

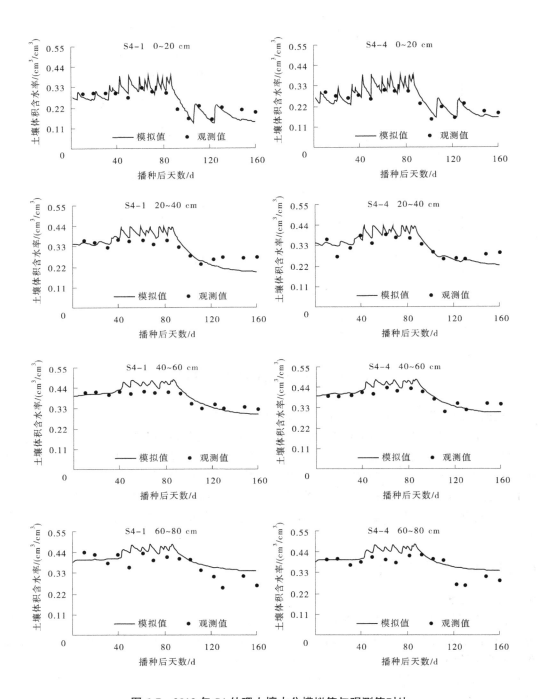

图 6-7　2013 年 S4 处理土壤水分模拟值与观测值对比

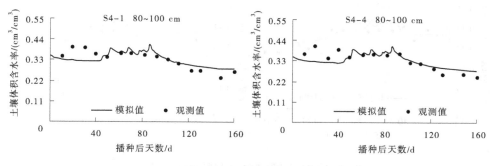

(a)2013年S4-1处理和S4-4处理模拟值与观测值

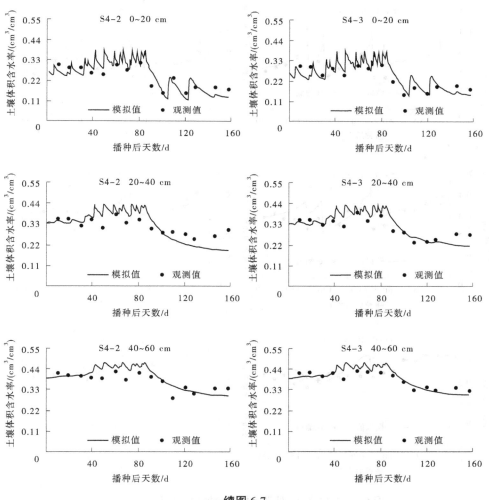

续图 6-7

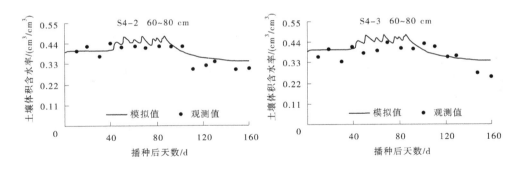

(b)2013年S4-2处理和S4-3处理模拟值与观测值

续图 6-7

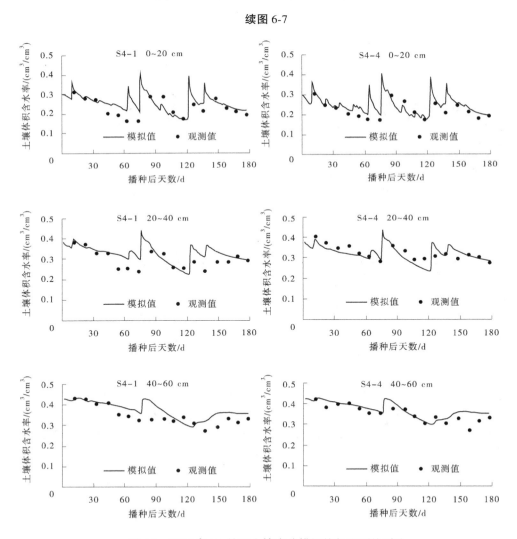

图 6-8　2014 年 S4 处理土壤水分模拟值与观测值对比

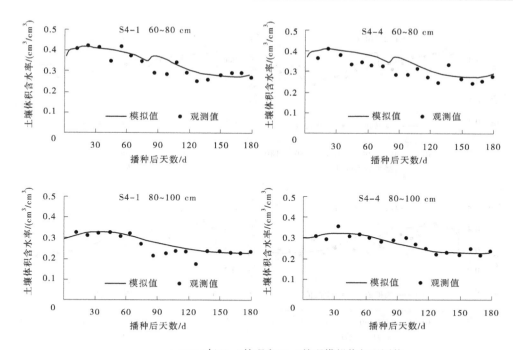

(a)2014年S4-1处理和S4-4处理模拟值与观测值

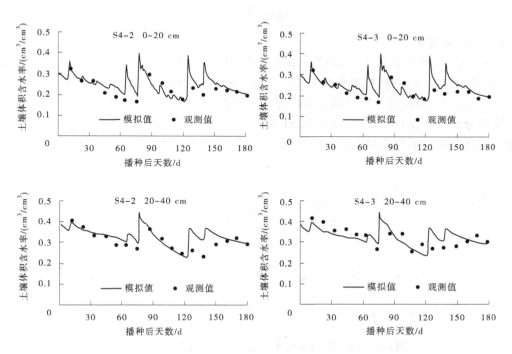

续图 6-8

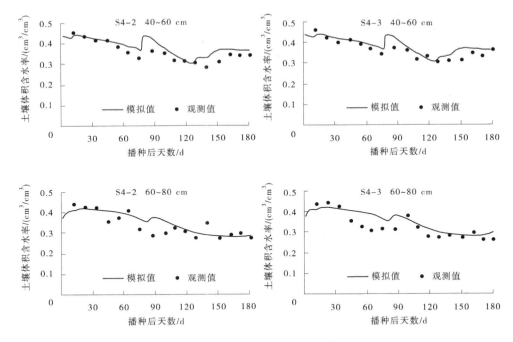

(b)2014年S4-2处理和S4-3处理模拟值与观测值

续图 6-8

6.3.1.2　土壤盐分

图 6-9、图 6-10 分别给出了 2013—2014 年 7 g/L 灌水处理(S4 处理)不同点位土壤盐分(土壤溶液电导率)的模拟值和观测值。由图 6-9、图 6-10 可以发现,不同年份棉花生育期间,土壤盐分的模拟值与实测值存在较好的一致性,但模拟效果不如土壤水分的,原因是土壤盐分的空间变异性较大。1 g/L(S1 处理)、3 g/L(S2 处理)、5 g/L(S4 处理)灌水处理土壤盐分模拟值与实测值的对照情况与 7 g/L 灌水处理相似。

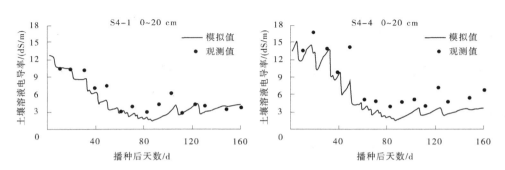

图 6-9　2013 年 S4 处理土壤盐分模拟值与观测值对比

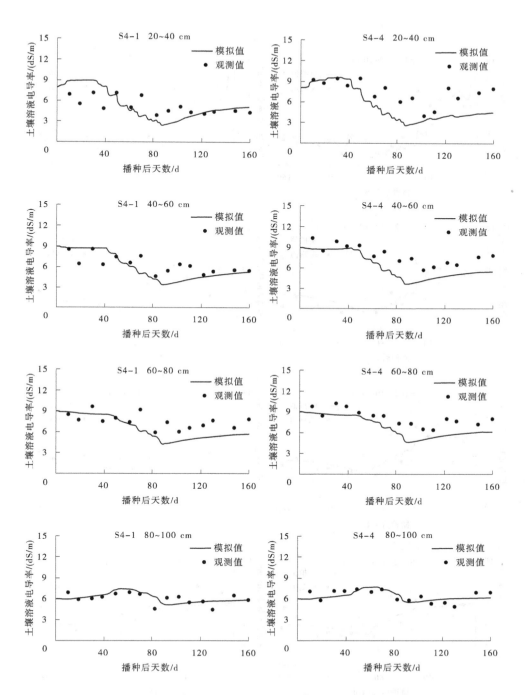

(a)2013年S4-1处理和S4-4处理模拟值与观测值

续图 6-9

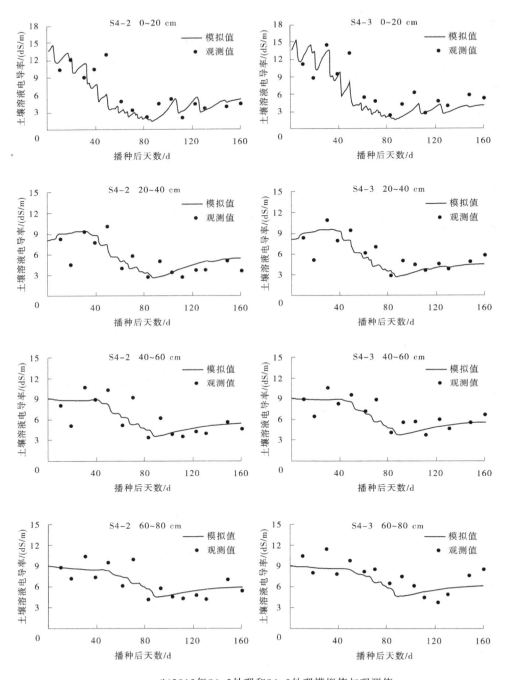

(b)2013年S4-2处理和S4-3处理模拟值与观测值

续图 6-9

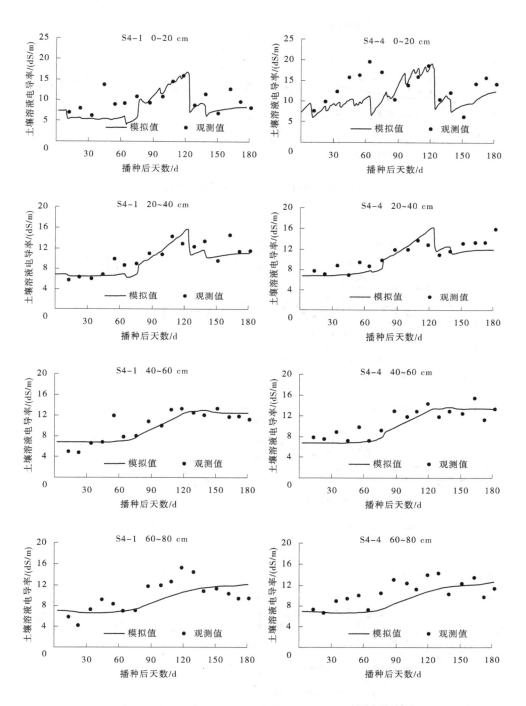

图 6-10　2014 年 S4 处理土壤盐分模拟值与观测值对比

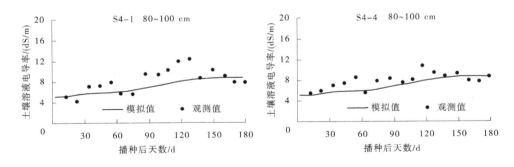

(a)2014年S4-1处理和S4-4处理模拟值与观测值

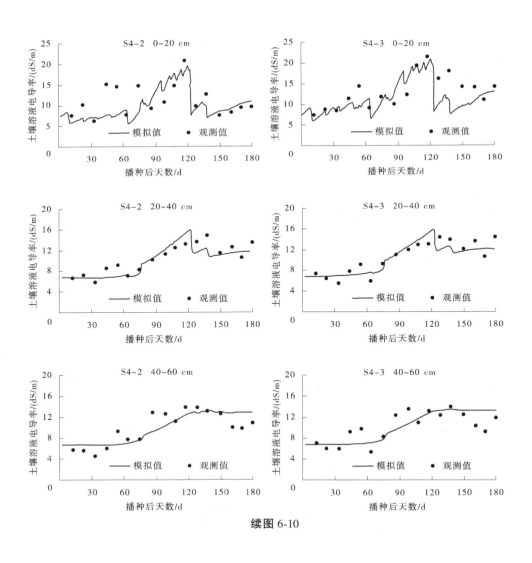

续图 6-10

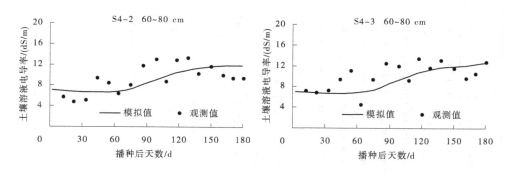

(b)214年S4-2处理和S4-3处理模拟值与观测值

续图 6-10

6.3.2　模拟结果检验

6.3.2.1　土壤水分

　　表 6-3、表 6-4 分别给出了 2013 年和 2014 年 S1 处理~S4 处理不同点位土壤水分模拟结果的评价指标。整体来看,土壤体积含水率模拟值与实测值的 AAE 和 RMSE 都小于 0.05 cm^3/cm^3,除个别点外,d 均在 0.7 以上,MRE 均在 15% 以下。垂直方向上,0~20 cm、20~40 cm、40~60 cm、60~80 cm、80~100 cm 等土层含水率模拟值与实测值的 MRE 均值分别为 12.77%、11.13%、7.49%、9.97% 和 9.21%,RMSE 的均值依次为 0.032 3 cm^3/cm^3、0.039 3 cm^3/cm^3、0.032 4 cm^3/cm^3、0.039 7 cm^3/cm^3 和 0.031 9 cm^3/cm^3,d 的均值分别为 0.894 4、0.841 1、0.873 7、0.806 7 和 0.836 1。水平方向上,取样点 1、2、3、4 处含水率模拟值与实测值的 MRE 均值分别为 10.81%、10.94%、10.55% 和 8.77%;RMSE 的均值依次为 0.036 7 cm^3/cm^3、0.037 7 cm^3/cm^3、0.037 2 cm^3/cm^3 和 0.031 2 cm^3/cm^3;d 的均值分别为 0.843 4、0.853 2、0.845 0 和 0.865 2。由此可见,垂直方向上,上层土壤水分的模拟误差相对较大;水平方向上,取样点 4(宽行中心)处土壤水分的模拟误差相对较小。然而,总体而言,不同点位处土壤水分模拟效果的差异并不大,模拟精度和一致性均较高。

　　图 6-11 给出了 2013—2014 年所有处理土壤水分模拟值与实测值的拟合关系,可以发现,这两年土壤水分模拟值与实测值可拟合为线性相关关系,斜率分别为 1.023 和 1.015,均接近于 1;相关系数分别为 0.912 和 0.883。统计结果表明,土壤水分模拟值与实测值的相关性达到了显著水平。

6.3.2.2　土壤盐分

　　表 6-5、表 6-6 分别给出了 2013 年和 2014 年 S1 处理~S4 处理不同点位土壤盐分模拟结果的评价指标。整体来看,除个别点外,土壤溶液电导率模拟值与实测值的 d 均在 0.6 以上,MRE 在 30% 以内。垂直方向上,0~20 cm、20~40 cm、40~60 cm、60~80 cm、80~100 cm 等土层电导率模拟值与实测值的 MRE 均值分别为 26.49%、19.56%、18.34%、18.32% 和 12.91%,RMSE 的均值依次为 2.22 dS/m、1.49 dS/m、1.39 dS/m、1.48 dS/m 和 0.98 dS/m,d 的均值分别为 0.786 0、0.793 9、0.775 7、0.722 7 和 0.716 3。

表 6-3　2013 年不同处理土壤水分模拟结果评价指标

评价指标	土层深度/cm	S1 处理				S2 处理				S3 处理				S4 处理			
		S1-1	S1-2	S1-3	S1-4	S2-1	S2-2	S2-3	S2-4	S3-1	S3-2	S3-3	S3-4	S4-1	S4-2	S4-3	S4-4
AAE/(cm³/cm³)	0~20	0.027 3	0.030 0	0.028 3	0.017 1	0.028 5	0.036 3	0.036 6	0.021 6	0.022 9	0.034 9	0.025 4	0.020 0	0.022 8	0.029 4	0.021 8	0.016 7
	20~40	0.043 8	0.039 9	0.040 4	0.035 3	0.036 5	0.037 8	0.028 3	0.032 8	0.029 9	0.030 0	0.033 7	0.026 5	0.032 8	0.038 6	0.027 7	0.027 0
	40~60	0.029 1	0.033 1	0.036 0	0.025 1	0.025 6	0.024 0	0.031 2	0.023 1	0.017 4	0.020 4	0.027 9	0.018 1	0.026 8	0.030 5	0.021 0	0.028 1
	60~80	0.037 8	0.034 3	0.042 3	0.034 9	0.035 4	0.040 0	0.034 8	0.041 4	0.035 7	0.024 9	0.027 5	0.044 0	0.039 3	0.027 9	0.040 0	0.038 1
	80~100	0.025 8	—	—	0.021 3	0.025 8	—	—	0.018 3	0.024 5	—	—	0.017 6	0.023 5	—	—	0.023 4
MRE/%	0~20	12.49	14.65	12.61	7.78	13.01	17.01	16.12	9.47	10.08	14.93	10.42	8.39	10.35	13.43	10.13	7.63
	20~40	15.02	13.72	14.03	11.48	12.42	12.70	9.57	10.30	9.93	9.65	10.80	8.29	10.77	12.38	8.99	8.85
	40~60	7.97	9.40	10.75	6.51	6.76	6.10	8.30	5.90	4.37	5.17	7.21	4.58	6.92	8.25	5.41	7.30
	60~80	10.65	9.74	12.72	9.88	9.52	11.44	10.97	12.02	10.05	6.83	7.55	13.46	11.63	7.53	11.26	11.21
	80~100	8.32	—	—	6.02	8.18	—	—	5.33	7.59	—	—	5.36	6.86	—	—	6.82
RMSE/(cm³/cm³)	0~20	0.030 6	0.037 0	0.035 7	0.024 2	0.033 8	0.042 4	0.046 4	0.026 8	0.027 8	0.041 3	0.031 2	0.023 3	0.029 0	0.034 5	0.025 4	0.019 3
	20~40	0.048 4	0.045 4	0.045 6	0.040 1	0.044 9	0.045	0.033 1	0.041	0.037 6	0.037 8	0.038 4	0.032 9	0.038 3	0.046	0.035 1	0.035 4
	40~60	0.035 6	0.040 7	0.044 5	0.030 8	0.030 8	0.026 5	0.034 0	0.026 5	0.022 6	0.024 9	0.033 2	0.023 7	0.029 5	0.037	0.024 6	0.031 1
	60~80	0.041 0	0.039 7	0.049 5	0.040 1	0.037 8	0.045 2	0.047	0.049	0.041 9	0.029 5	0.033 7	0.050 7	0.047 1	0.032 4	0.046 4	0.045 9
	80~100	0.032 6	—	—	0.029 1	0.028 7	—	—	0.021 5	0.031 9	—	—	0.021 1	0.029 1	—	—	0.029 6
d	0~20	0.934 3	0.915 4	0.888 4	0.945 1	0.925 3	0.887 8	0.833 3	0.942 0	0.945 3	0.875 2	0.917 2	0.950 4	0.944 0	0.926 8	0.952 5	0.967 9
	20~40	0.844 3	0.861 6	0.835 3	0.837 8	0.886 2	0.874 7	0.928 9	0.864 6	0.894 2	0.886 9	0.873 5	0.886 4	0.896 3	0.825 6	0.905 8	0.897 7
	40~60	0.871 2	0.843 4	0.826 2	0.869 4	0.901 5	0.920 9	0.867 9	0.911 6	0.944 6	0.923 9	0.847 6	0.926 5	0.902 2	0.852 4	0.934 2	0.886 9
	60~80	0.808 3	0.825 9	0.737 4	0.803 7	0.798 2	0.802 1	0.807 3	0.708 9	0.784 1	0.902 1	0.857 3	0.771 5	0.785 1	0.884 9	0.748 6	0.779 7
	80~100	0.873 9	—	—	0.861 1	0.885 7	0.922 1	—	—	0.872 1	—	—	0.933 9	0.871 9	—	—	0.873 5

注:表中 AAE、MRE、RMSE 和 d 分别为模拟值与实测值的平均绝对误差、平均相对误差、标准误差和一致性系数,表 6-4～表 6-6 同此。

表 6-4　2014 年不同处理土壤水分模拟结果评价指标

评价指标	土层深度/cm	S1 处理				S2 处理				S3 处理				S4 处理			
		S1-1	S1-2	S1-3	S1-4	S2-1	S2-2	S2-3	S2-4	S3-1	S3-2	S3-3	S3-4	S4-1	S4-2	S4-3	S4-4
AAE/(cm³/cm³)	0~20	0.030 4	0.030 0	0.025 3	0.020 4	0.028 0	0.027 5	0.026 5	0.024 2	0.022 2	0.026 3	0.027 1	0.024 9	0.025 1	0.022 3	0.019 3	0.017 6
	20~40	0.038 3	0.038 0	0.035 5	0.024 3	0.030 3	0.030 2	0.027 7	0.028 0	0.025 8	0.026 3	0.026 4	0.020 0	0.030 4	0.023 8	0.032 1	0.022 2
	40~60	0.035 5	0.037 0	0.029 6	0.026 3	0.026 3	0.031 3	0.027 3	0.023 9	0.029 1	0.025 6	0.019 6	0.011 9	0.028 7	0.021 8	0.018 8	0.019 8
	60~80	0.031 4	0.031 9	0.025 7	0.021 3	0.029 3	0.037 4	0.038 5	0.021 8	0.017 0	0.024 5	0.031 9	0.021 7	0.023 5	0.027 3	0.030 0	0.034 3
	80~100	0.025 7	—	—	0.022 7	0.024 7	—	—	0.025 3	0.025 5	—	—	0.022 1	0.022 3	—	—	0.015 9
MRE/%	0~20	19.02	17.62	15.70	11.62	15.83	13.66	14.29	14.26	12.21	13.35	13.88	12.86	12.07	10.64	9.06	8.24
	20~40	16.63	16.37	15.80	9.36	11.69	10.70	9.36	9.83	10.00	8.97	8.46	6.82	11.12	8.64	10.17	6.79
	40~60	11.79	12.07	9.33	8.25	8.52	9.17	7.70	7.25	10.02	7.82	5.76	3.59	8.76	6.52	5.40	5.88
	60~80	9.32	9.18	7.52	6.24	9.36	10.94	11.53	7.09	5.26	7.34	9.48	7.09	7.65	8.55	9.35	10.91
	80~100	10.92	—	—	9.51	11.57	—	—	10.62	11.29	—	—	9.34	9.54	—	—	5.55
RMSE/(cm³/cm³)	0~20	0.039 9	0.039 5	0.032 4	0.026 4	0.038 9	0.038 7	0.036 3	0.030 3	0.030 6	0.033 0	0.036 2	0.029 3	0.030 8	0.027 1	0.023 5	0.021 5
	20~40	0.048 9	0.046 1	0.048 0	0.031 0	0.039 5	0.038 6	0.036 9	0.036 5	0.032 1	0.031 4	0.035 4	0.026 1	0.038 4	0.033 8	0.036 8	0.026 9
	40~60	0.045 5	0.048 0	0.036 7	0.032 9	0.035 8	0.038 8	0.034 8	0.029 7	0.040 1	0.036 2	0.028 0	0.017 4	0.035 8	0.027 2	0.023 0	0.027 2
	60~80	0.036 4	0.034 7	0.031 3	0.024 3	0.039 8	0.043 6	0.046 9	0.028 0	0.022 5	0.029 0	0.037 1	0.025 8	0.032 0	0.037 6	0.038 7	0.041 7
	80~100	0.032 3	—	—	0.029 6	0.033 7	—	—	0.029 7	0.031 1	—	—	0.025 2	0.030 9	—	—	0.019 6
d	0~20	0.856 9	0.861 9	0.887 0	0.911 0	0.835 1	0.859 0	0.855 4	0.882 5	0.880 5	0.872 7	0.846 9	0.871 4	0.847 3	0.874 1	0.897 0	0.909 0
	20~40	0.777 2	0.795 9	0.752 5	0.886 5	0.801 7	0.832 2	0.843 0	0.812 1	0.848 0	0.872 6	0.773 7	0.884 7	0.763 2	0.822 4	0.779 1	0.843 2
	40~60	0.819 1	0.784 0	0.874 2	0.893 2	0.879 9	0.863 7	0.885 2	0.899 1	0.827 7	0.831 7	0.901 3	0.956 4	0.819 6	0.902 9	0.917 7	0.864 7
	60~80	0.866 0	0.871 4	0.897 2	0.941 7	0.848 5	0.820 0	0.786 9	0.934 9	0.955 3	0.932 3	0.895 2	0.945 0	0.922 3	0.884 5	0.879 9	0.835 7
	80~100	0.893 9	—	—	0.890 3	0.892 0	—	—	0.897 9	0.910 7	—	—	0.936 6	0.883 8	—	—	0.945 0

表6-5 2013年不同处理土壤盐分模拟结果评价指标

评价指标	土层深度/cm	S1处理				S2处理				S3处理				S4处理			
		S1-1	S1-2	S1-3	S1-4	S2-1	S2-2	S2-3	S2-4	S3-1	S3-2	S3-3	S3-4	S4-1	S4-2	S4-3	S4-4
AAE/(dS/m)	0~20	0.762 0	0.874 4	0.629 7	0.955 7	1.465 7	1.691 7	1.199 2	1.066 0	1.119 3	1.875 1	1.306 3	1.775 6	1.200 4	1.491 6	1.786 0	2.425 8
	20~40	0.732 8	0.928 9	1.061 3	0.817 6	0.930 9	0.884 2	1.056 2	0.935 3	1.177 6	1.203 7	1.476 7	1.344 9	1.345 3	1.247 2	1.263 4	1.954 5
	40~60	0.662 2	1.202 4	1.069 9	1.115 7	1.016 0	1.077 2	1.081 4	1.376 2	0.996 1	1.039 8	1.472 8	1.592 6	1.174 8	1.347 5	1.154 9	1.722 7
	60~80	0.924 7	0.968 4	1.143 9	1.144 6	0.893 4	1.219 1	0.934 1	1.514 6	1.052 9	1.171 4	1.192 3	1.767 1	1.493 8	1.112 4	1.470 5	1.493 4
	80~100	0.668 3	—	—	0.431 1	0.783 1	—	—	0.702 9	0.673 3	—	—	0.327 0	0.740 3	—	—	0.610 5
MRE/%	0~20	21.65	19.36	18.93	24.93	32.24	32.09	27.27	26.32	24.94	32.77	26.28	31.96	22.14	24.02	26.41	34.15
	20~40	20.05	20.20	20.58	19.57	20.97	19.40	22.87	21.68	25.28	23.43	29.21	24.89	24.20	26.00	21.60	27.32
	40~60	15.14	20.99	17.83	20.93	20.22	20.75	20.37	25.13	18.55	20.27	26.81	25.24	18.76	22.25	17.41	22.83
	60~80	17.58	15.66	19.25	19.16	16.36	20.36	16.06	23.72	17.95	21.66	20.91	24.37	19.86	16.46	20.07	18.91
	80~100	15.94	—	—	9.84	16.20	—	—	13.75	14.81	—	—	5.71	12.46	—	—	9.48
RMSE/(dS/m)	0~20	0.963 9	1.302 2	0.836 2	1.153 3	1.740 8	2.037 6	1.440 4	1.188 7	1.383 9	2.475 6	1.554 9	2.092 1	1.513 4	2.273 4	2.248 8	2.752 4
	20~40	0.882 7	1.159 3	1.508 4	1.039 7	1.199 1	1.050 0	1.227 5	1.087 5	1.306 0	1.412 3	1.710 2	1.726 5	1.731 0	1.712 9	1.629 1	2.391 1
	40~60	0.791 9	1.405 8	1.479 5	1.314 1	1.263 6	1.261 6	1.235 6	1.480 3	1.230 2	1.248 7	1.553 5	1.725 4	1.501 0	1.776 7	1.423 2	1.938 9
	60~80	1.081 7	1.171 6	1.361 4	1.368 0	1.115 2	1.486 0	1.194 5	1.668 4	1.179 5	1.495 0	1.401 5	1.922 9	1.782 1	1.409 7	1.679 4	1.641 2
	80~100	0.830 4	—	—	0.615 9	0.999 2	—	—	0.795 8	0.821 2	—	—	0.450 3	0.852 9	—	—	0.706 3
d	0~20	0.889 1	0.842 9	0.942 8	0.928 7	0.712 1	0.709 4	0.880 8	0.929 0	0.878 6	0.762 5	0.924 5	0.891 5	0.914 3	0.864 1	0.892 7	0.877 0
	20~40	0.784 6	0.765 2	0.730 8	0.792 6	0.550 1	0.764 6	0.751 5	0.760 0	0.666 0	0.800 8	0.750 9	0.722 5	0.697 4	0.841 2	0.864 1	0.612 0
	40~60	0.906 9	0.805 1	0.787 3	0.767 4	0.615 3	0.690 2	0.746 9	0.604 0	0.720 7	0.818 1	0.759 0	0.605 5	0.735 6	0.815 4	0.849 8	0.606 5
	60~80	0.884 9	0.894 3	0.855 0	0.817 0	0.788 7	0.614 4	0.795 8	0.605 4	0.773 7	0.758 2	0.786 1	0.382 0	0.447 2	0.831 9	0.747 2	0.567 2
	80~100	0.877 6	—	—	0.930 9	0.794 8	—	—	0.862 2	0.764 6	—	—	0.931 4	0.644 6	—	—	0.782 4

表6-6　2014年不同处理土壤盐分模拟结果评价指标

评价指标	土层深度/cm	S1处理				S2处理				S3处理				S4处理			
		S1-1	S1-2	S1-3	S1-4	S2-1	S2-2	S2-3	S2-4	S3-1	S3-2	S3-3	S3-4	S4-1	S4-2	S4-3	S4-4
AAE/(dS/m)	0~20	1.375 0	1.158 0	1.444 2	1.074 2	1.912 2	2.537 3	2.222 3	1.896 8	2.610 4	3.519 5	3.205 6	2.828 4	2.199 5	2.803 0	2.457 4	2.990 0
	20~40	0.804 0	0.977 1	1.055 6	0.806 9	1.233 2	1.432 9	1.069 5	1.357 4	1.380 3	1.831 2	1.447 0	1.260 5	1.205 3	1.179 3	1.260 6	1.311 6
	40~60	0.733 0	0.881 7	0.879 6	0.865 6	0.752 1	0.947 7	0.840 3	0.978 8	0.937 5	1.203 4	1.354 6	1.298 3	1.180 3	1.523 2	1.629 8	1.313 0
	60~80	0.612 8	0.639 1	0.755 2	0.808 5	0.922 1	1.035 0	1.405 1	1.425 3	1.116 5	1.126 4	1.325 9	1.399 6	2.006 8	1.927 1	1.678 1	1.890 1
	80~100	0.579 1	—	—	0.719 4	0.769 0	—	—	0.959 8	1.209 4	—	—	1.268 4	1.586 8	—	—	1.033 7
MRE/%	0~20	20.34	22.45	23.62	16.90	28.06	43.15	29.99	30.16	30.70	41.87	32.70	25.47	21.36	23.51	18.42	21.83
	20~40	15.81	18.66	19.34	15.47	18.42	20.77	16.85	20.75	16.39	22.64	16.42	13.49	11.90	11.06	12.54	11.66
	40~60	14.99	16.67	17.32	16.38	12.73	16.94	14.94	15.14	13.42	16.93	17.12	15.01	13.25	17.07	17.14	12.04
	60~80	12.09	12.13	13.24	14.51	15.85	18.54	23.77	22.07	15.82	15.12	16.02	15.87	21.33	21.58	17.60	17.43
	80~100	10.71	—	—	12.78	16.35	—	—	16.41	17.86	—	—	16.67	18.46	—	—	12.56
RMSE/(dS/m)	0~20	2.097 9	1.603 6	1.899 7	1.423 7	2.308 9	3.122 8	2.651 4	2.265 5	2.963 3	4.063 1	3.902 7	3.049 1	2.972 4	3.533 5	3.085 0	3.708 8
	20~40	1.138 6	1.204 0	1.248 1	1.048 7	1.659 5	1.808 3	1.597 8	1.760 5	2.090 8	2.300 3	1.904 0	1.729 2	1.582 9	1.415 5	1.460 5	1.571 4
	40~60	0.934 0	1.034 4	1.054 0	1.044 9	0.899 7	1.137 8	1.042 4	1.279 6	1.214 8	1.516 9	1.696 8	1.539 3	1.603 4	1.903 3	2.033 7	1.558 1
	60~80	0.739 1	0.762 4	0.952 5	0.959 0	1.102 0	1.263 8	1.697 3	1.654 1	1.381 2	1.409 1	1.563 1	1.653 8	2.314 6	2.150 1	2.120 5	2.263 5
	80~100	0.812 0	—	—	0.882 5	0.918 0	—	—	1.221 8	1.410 1	—	—	1.471 8	1.974 6	—	—	1.279 5
d	0~20	0.496 5	0.824 5	0.761 4	0.799 7	0.772 1	0.639 5	0.712 3	0.743 0	0.770 7	0.623 6	0.593 1	0.649 0	0.735 7	0.750 2	0.818 3	0.634 8
	20~40	0.803 3	0.802 5	0.779 7	0.811 0	0.816 4	0.815 4	0.867 4	0.793 4	0.824 0	0.795 0	0.859 4	0.881 0	0.913 8	0.934 8	0.935 6	0.910 4
	40~60	0.723 1	0.704 6	0.704 6	0.712 1	0.890 1	0.851 4	0.892 4	0.834 1	0.893 4	0.838 6	0.830 3	0.821 3	0.909 3	0.886 3	0.861 2	0.914 7
	60~80	0.774 8	0.765 6	0.734 7	0.722 0	0.778 9	0.770 4	0.640 6	0.658 2	0.704 8	0.796 2	0.748 7	0.712 7	0.763 1	0.774 4	0.788 9	0.739 9
	80~100	0.748 9	—	—	0.623 7	0.814 6	—	—	0.667 5	0.676 3	—	—	0.621 6	0.614 0	—	—	0.701 6

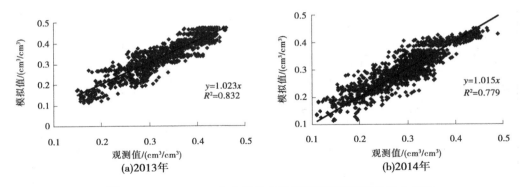

图6-11 2013—2014年土壤含水率模拟值与实测值的拟合关系

水平方向上,取样点1、2、3、4处含水率模拟值与实测值的MRE均值分别为18.08%、21.78%、20.44%和19.47%,RMSE的均值依次为1.38 dS/m、1.71 dS/m、1.66 dS/m、1.58 dS/m,d的均值分别为0.7575、0.7577、0.7730和0.7287。由此可见,垂直方向上,上层土壤电导率的模拟误差明显大于下层,原因是上层土壤盐分受蒸发和降雨的影响,变化较为剧烈;水平方向上,4个取样点土壤电导率的模拟效果非常接近。与土壤水分相比,土壤盐分模拟的误差和一致性系数均较差。其原因是土壤水盐测定并非定位监测,盐分的空间变异性非常大。

图6-12给出了2013—2014年所有处理土壤溶液电导率模拟值与实测值的拟合关系,由图6-12可以发现,这两年土壤水分模拟值与实测值可拟合为线性相关关系,斜率分别为0.846和0.978,相关系数分别为0.812和0.782。统计结果表明,土壤盐分模拟值与实测值的相关性达到了显著水平。

综合以上分析,咸水灌溉条件下覆膜棉田土壤水分和盐分的模拟效果可以接受,参数较为可靠,可用于实际模拟应用。

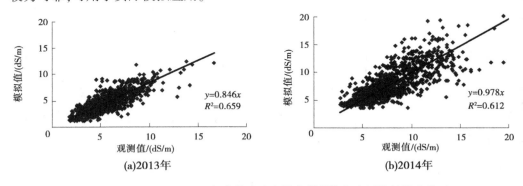

图6-12 2013—2014年土壤溶液电导率模拟值与实测值的拟合关系

6.4 小 结

(1)通过对模拟区域、模拟内容、时间步长、初始条件、边界条件、模型参数等环节的设定,HYDRUS-2D模型能够较好地实现咸水灌溉条件下覆膜棉田水盐运移过程模拟。

2013 年和 2014 年模拟结果表明,不同点位处土壤体积含水率模拟值与实测值的平均 AAE、RMSE、MRE 和 d 分别为 0.028 cm^3/cm^3、0.035 cm^3/cm^3、9.91% 和 0.870,相关系数为 0.898;土壤溶液电导率模拟值与实测值的平均 AAE、RMSE、MRE 和 d 分别为 1.28 dS/m、1.58 dS/m、19.91% 和 0.772,相关系数为 0.797。显然,总体来看,土壤水分和盐分模拟的一致性与精度均达到了较高水平。在垂直方向上,上层土壤水分和盐分的模拟误差相对较大,下层较小;水平方向上,由覆膜行中心至裸露行中心 4 个取样点水分和盐分的模拟精度基本相当。综合评定,模拟结果可以接受,模型参数较为可靠,能够用于实际应用。

(2)与实测值相比,土壤水分和盐分的模拟值均存在一定的误差,而且土壤盐分的模拟误差大于水分。究其原因,一是土壤水盐数据非定位监测,存在着空间变异性,尤其是土壤盐分的空间变异性较大。二是试验小区面积较小,虽然每次采集土样后及时回填,但回填土的密实度和水盐含量与原状土存在很大差异,由此导致土壤水盐运移轨迹发生变化。三是咸水灌溉尤其是高矿化度咸水多次灌溉后,土壤容重、导水率和弥散系数等水盐运动参数可能会发生变化,而本书研究的不同矿化度灌水处理采用了统一的模型参数,致使模拟结果可能存在偏差。

(3)以往学者采用 HYDRUS 模型进行研究时,多将覆膜处设定为零通量,即没有土壤蒸发和降雨或灌水垂直入渗,这些研究多是在降雨强度较小的干旱半干旱区开展的(Chen et al,2015;Ning et al,2015)。本书研究模拟过程中,将覆膜处设定为变边界条件,无土面蒸发,但接收强度较大的降雨和灌水。原因是本书研究所在的河北低平原区棉花生长季降雨强度较大,而且采用了漫灌方式补灌,强度较大的降水或灌溉水会通过膜侧和放苗孔流入膜下进行垂直入渗,这种情况下如果认为覆膜处只有侧渗显然不合理。

第 7 章　长期咸水灌溉情景下棉田水盐动态预测

咸水灌溉具有两面性,适宜的灌溉模式可以节约淡水,产生良好的社会经济效益;不当的灌溉模式可能导致土壤质量恶化,危害生态环境。咸水灌溉对棉花生长和土壤环境的影响具有累积效应,短期研究难以科学评价咸水灌溉合理与否。因此,本章利用第 6 章建立的水盐运移模型,对不同矿化度(1 g/L、3 g/L、5 g/L、7 g/L)咸水连续灌溉多年(20 年)情景下的水盐动态进行预测。在此基础上,结合棉花生长对水盐的响应特征和土壤盐分变化情况,明确不同矿化度咸水的利用潜力和适宜灌溉制度。

7.1　连续多年咸水灌溉情景下棉田水盐动态预测

7.1.1　情景模拟的设定

以棉花为灌溉对象,对 1 g/L、3 g/L、5 g/L、7 g/L 共 4 个矿化度水质采用常规灌溉模式连续灌溉 20 年情景下的水盐动态进行预测模拟,模拟过程如下。

7.1.1.1　气象资料

最高气温、最低气温、平均气温、风速、日照时数、相对湿度和降水量等气象资料采用 1993—2012 年的气象数据,由距离试验站约 20 km 的深州市气象局提供。图 7-1～图 7-3 显示了平均气温、降水量和 ET_0 的逐月变化过程。由图 7-1～图 7-3 可以看出,20 年间,气温差异不大,但降水量和 ET_0 的差异较为明显。

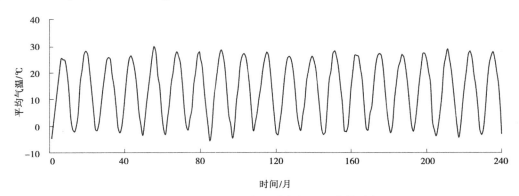

图 7-1　1993—2012 年平均气温逐月变化过程

7.1.1.2　灌水设定

试验所在的河北低平原区春旱频繁,当地植棉普遍采用畦灌方式于棉花播前 4～6 d 造墒。该区农业用水以抽取深层地下淡水为主,灌水成本较高,因此多数年份棉花生育期

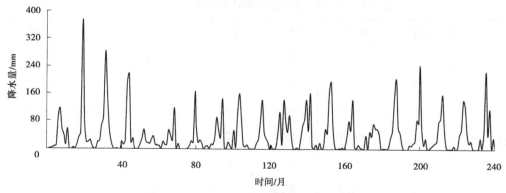

图 7-2　1993—2012 年降水量逐月变化过程

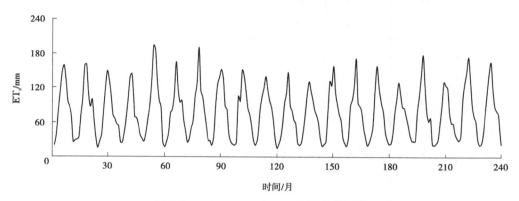

图 7-3　1993—2012 年 ET_0 逐月变化过程

间一般不再灌水;干旱年,在 6 月中旬至 8 月初补灌 1~2 次水。

结合当地实际情况和本书研究内容,水盐动态预测设定的灌水情景为:4 种灌溉水矿化度,分别为 1 g/L、3 g/L、5 g/L、7 g/L,灌水方式为地面畦灌。每年棉花 5 月 1 日播种,播前 5 天(4 月 26 日)造墒,造墒水定额为 75 mm。棉花生育期间,遇平水年和丰水年(P≥350 mm,P 为降水量)不再灌水。遇轻度干旱年(250≤P<350 mm)时,补灌 1 次水;遇中度干旱年(150≤P<250 mm)时,补灌 2 次水;遇重度干旱年(P<150 mm)时,补灌 3 次水,补灌定额均为 75 mm。补灌日期为 6 月中旬至 8 月上旬。

表 7-1 列出了 1993—2007 年棉花生育期间降水量小于 350 mm 的年份及其降雨逐月分布情况,并根据降雨分布设定了补灌月份和次数。补灌时间定为蕾期(6 月 15—20日)、花铃初期(7 月 1—10 日)和花铃盛期(7 月 26 日至 8 月 5 日)等 3 个需水关键期。

7.1.1.3　模拟方法

采用 HYDRUS-2D 模型对咸水连续灌溉 20 年情景下棉田水盐动态进行预测时,模拟过程分为两个阶段,即棉花生长阶段和休闲阶段。以每年的 5 月 2 日至 10 月 31 日为棉花生长阶段,采用第 6 章给出的模拟方法和模型参数;以每年 11 月 1 日至翌年 5 月 1 日为休闲阶段,该时期没有根系吸水和地膜覆盖,图 6-4 中,模拟过程仅有水流运动和溶质迁移,图 6-4(a)中,水流运动上边界均为大气边界条件,其余模型参数与生长阶段一致。

表 7-1　干旱年份棉花生育期间降雨分布与补灌设定

项目	月份	1993 年	1997 年	1998 年	1999 年	2006 年	2007 年
降雨分布/ mm	4	2.8	20.5	4.5	2.6	0.4	0
	5	9.7	22.0	54.2	23.5	35.4	48.5
	6	91.1	18.6	37.5	18.8	81.2	36.7
	7	117.0	15.8	23.8	167.1	55.6	72.2
	8	57.3	27.1	117.8	71.5	143.0	59.2
	9	41.0	35.6	1.4	19.6	7.2	58.6
	10	11.1	11.1	13.4	26.1	1.2	44.1
	合计	330.0	150.7	252.6	329.2	324.0	319.3
补灌情况/ mm	4						
	5						
	6				75.0		
	7		75.0	75.0		75.0	
	8	75.0	75.0				75.0
	9						
	10						
	合计	75.0	150.0	75.0	75.0	75.0	75.0

棉花生长阶段,用于分割潜在蒸发蒸腾量的叶面积指数 LAI 均采用 2014 年 S1 处理的测定值;棉花生长初期、中期和后期的作物系数 K_{c-ini}、K_{c-mid}、K_{c-end} 分别为 0.35、1.20 和 0.40,生长初期、快速生长期、生长中期和生长后期的天数依次为 40 d、30 d、46 d、67 d。休闲阶段,棉花叶面积指数 LAI 为 0,只有土面蒸发;作物系数 K_c 参照 FAO-56 推荐值 K_{c-ini},即 0.35,考虑到棉花收获后(11 月)将秸秆粉碎覆盖,可在一定程度上抑制土壤蒸发,故采用 0.30,但在造墒之后(4 月 15 日至 5 月 1 日),土壤湿度明显增大,令作物系数从 1 递减至 0.35(棉花生长季初始值)。一年之中,棉花叶面积指数和作物系数的逐日变化过程如图 7-4 所示。

为了验证休闲季设定参数的可靠性,以 2013 年试验结束时土壤水盐作为初始条件,对 2013—2014 年休闲季(2013 年 11 月 1 日至 2014 年 5 月 1 日)的水盐变化进行模拟。将模拟获取的 2014 年棉花播种时(5 月 1 日)水盐含量与实测值对比(见图 7-5),结果表明土壤水分和盐分模拟值与实测值的相关系数分别为 0.920 7 和 0.725 6。由此说明,休闲季的模拟过程和结果较为可靠。

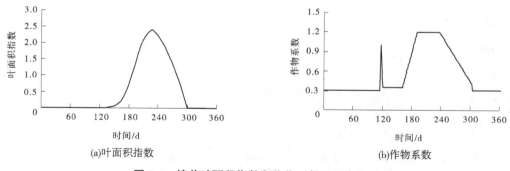

图 7-4　棉花叶面积指数和作物系数逐日变化过程

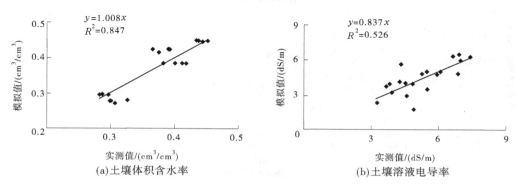

图 7-5　2014 年初始土壤水盐含量模拟值与实测值拟合关系

7.1.2　情景模拟的结果

情景预测的模拟深度设定为 140 cm。参照试验区非盐渍地块的水盐含量（2012 年试验开始前）设定初始条件,其中,0~20 cm、20~40 cm、40~60 cm、60~80 cm、80~100 cm、100~120 cm、120~140 cm 等土层的体积含水率分别为 26.90%、31.41%、35.20%、33.93%、31.17%、31.17% 和 1.17%,土壤溶液电导率依次为 3.07 dS/m、2.92 dS/m、2.87 dS/m、2.98 dS/m、2.78 dS/m、2.78 dS/m 和 2.78 dS/m。以棉花造墒前 1 天（4 月 24 日）为情景模拟的起始时间,1 g/L、3 g/L、5 g/L、7 g/L 共 4 个矿化度水质连续灌溉 20 年,土壤水盐动态的模拟结果如下。

7.1.2.1　土壤水分

图 7-6 给出了不同矿化度水连续灌溉 20 年的土壤水分模拟结果。由图 7-6 可以看出,随着土层深度的增加,土壤水分波动幅度逐渐减小;任一土层,土壤水分有随着灌溉水矿化度的增加而增大的趋势,干旱年份尤为明显。这与 2012—2014 年的试验结果相吻合。然而,除个别时期外,各处理同一土层土壤水分的模拟值差异很小,原因是模拟过程中 4 个灌溉处理采用了统一的作物参数（根系分布、叶面积指数和作物系数）,实际上棉花株高、叶面积、根系分布等形态生长指标会随着土壤盐度的增加而变化,进而导致处理间的作物参数并不一致。尽管各处理的土壤水分差异不大,但在某些时期还是呈现了随着灌溉水矿化度的增加而增大的趋势,原因是高矿化度灌水处理的盐分胁迫抑制了根系吸水。

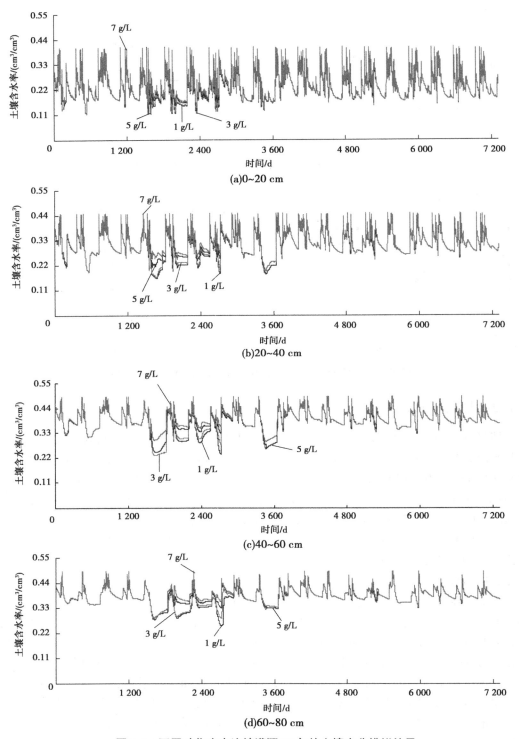

图 7-6　不同矿化度水连续灌溉 20 年的土壤水分模拟结果

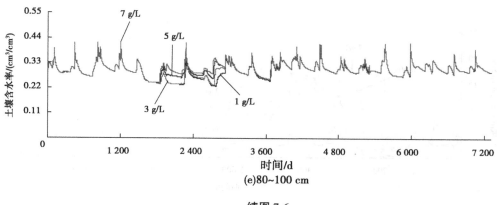

(e)80~100 cm

续图 7-6

7.1.2.2　土壤溶液电导率

图 7-7 显示了不同矿化度水连续灌溉 20 年的土壤溶液电导率模拟结果。由图 7-7 可以看出,土壤溶液电导率的波动幅度呈现了随着土层深度的增加而不断变缓的趋势;任一土层,随着灌溉水矿化度的增加,土壤溶液电导率的数值和波动幅度均逐渐增大。

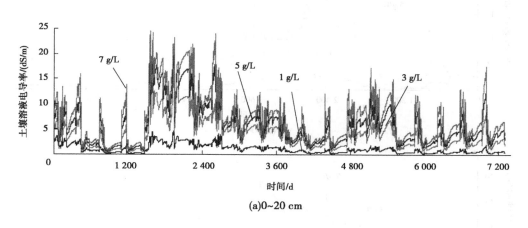

(a)0~20 cm

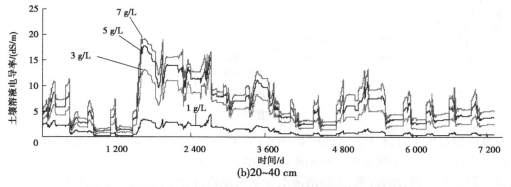

(b)20~40 cm

图 7-7　不同矿化度水连续灌溉 20 年的土壤溶液电导率模拟结果

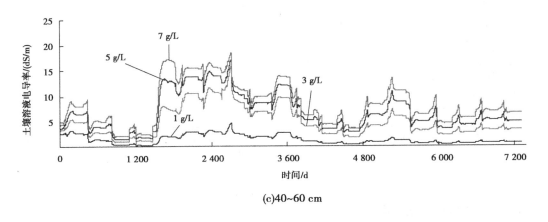

(c)40~60 cm

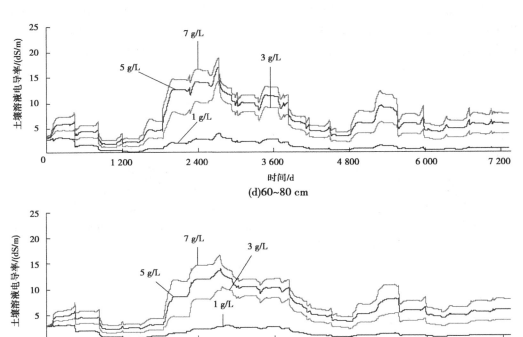

(d)60~80 cm

(e)80~100 cm

续图7-7

　　从模拟结果来看,4个灌水处理0~100 cm土层的电导率并未随着灌溉年限的增加而逐渐增大,而是呈现了明显的年际和年内变化特征。年际间,丰水年,随灌溉水进入土壤的盐分得到较为充分的淋洗,土壤溶液电导率明显降低;平水年,进入和淋洗出土壤的盐分基本持平,土壤溶液电导率变化不大;枯水年,盐分在土层中累积,土壤溶液电导率明显增加。年内,棉花生长前期(5—7月),土壤溶液电导率相对较大;经过降雨淋洗,8月之后土壤溶液电导率有所降低。与初始土壤盐度相比,4 个矿化度水连续灌溉 20 年后,1 g/L 深层地下水灌溉处理 0~100 cm 土层盐度有所降低;3 g/L 微咸水灌溉 0~100 cm 土层盐度基本持平;5 g/L 和 7 g/L 咸水灌溉处理 0~100 cm 土层盐度有所增加。

7.2　不同矿化度咸水利用潜力分析

2012—2014 年试验研究和连续灌溉 20 年的模拟预测均表明,土壤盐度受灌水浓度、灌水次数、灌水量等灌溉情况及降水、大气蒸发等气象因子的共同影响,变化过程非常复杂。7.1.2 节给出的土壤溶液电导率可以有效反映盐分对棉花生长的危害程度,但不能代表土壤中盐分的实际含量,土壤盐分质量分数是表征土壤含盐量的有效指标。本节重点分析连续多年咸水灌溉情景下土壤盐分含量的变化情况,并以保证土壤不明显积盐、棉花产量和品质不明显降低为前提条件,阐述河北低平原区特定气候条件和灌溉模式下咸水的利用潜力。

7.2.1　连续多年咸水灌溉情景下土壤剖面含盐量变化特征

图 7-8 显示了 1 g/L、3 g/L、5 g/L、7 g/L 共 4 个矿化度水质连续灌溉多年后土壤剖面盐分的变化特征。由图 7-8 可以看出,0~140 cm 土层深度内,4 个灌水处理任一位置处土壤含盐量都没有呈现出随灌溉年限的增加而增大的趋势,即多年来看,降水对灌溉带入土壤盐分的淋洗深度超过了 140 cm。连续灌溉 5 年、10 年、15 年、20 年后,1 g/L 深层地下水灌溉处理土壤剖面上盐分含量均低于初始值;除个别点外,3 g/L、5 g/L、7 g/L 咸水灌溉处理土壤剖面上盐分含量普遍大于初始值,并且灌溉水矿化度愈高,增加的幅度愈大。然而,与初始值相比,土壤剖面上盐分含量增加并不代表就造成了土壤质量恶化,只有当土壤盐分累积到一定程度,才会对土壤质量造成影响。

7.2.2　连续多年咸水灌溉情景下棉花根系层含盐量变化特征

7.2.2.1　脱盐率分析

由 7.2.1 节可知,连续多年咸水灌溉下土壤盐分处于累积-脱盐的交替过程中。受土层深度、降水量、灌溉水矿化度、灌水量、土壤蒸发、根系吸水等因素的影响,盐分累积-脱盐的交替过程非常复杂。脱盐率 E_s 可有效表征土壤盐分变化情况,计算公式如下:

$$E_s = \frac{S_a - S_b}{S_a} \times 100\% \tag{7-1}$$

式中:E_s 为脱盐率(%),数值为正表示脱盐,数值为负表示积盐;S_a 为时段初的土壤盐分含量(%);S_b 为时段末的土壤盐分含量(%)。

根系层土壤盐分动态对棉花生长发育、产量和品质具有重要影响,研究过程中需重点关注。表 7-2 列出了棉花主要根系层深度 0~60 cm 土层含盐量的年际变化过程。显而易见,当年降水量大于 500 mm、灌水 1 次,各灌水处理的根系层均形成脱盐;当年降水量小于 400 mm、灌水 2~3 次,各处理均导致根系层积盐(除第 7 年外,该年初始土壤含盐量非常高,发生了轻微脱盐);当年降水量为 400~500 mm、灌水 1 次,初始含盐量较高时根系层脱盐,初始含盐量较低时根系层积盐。

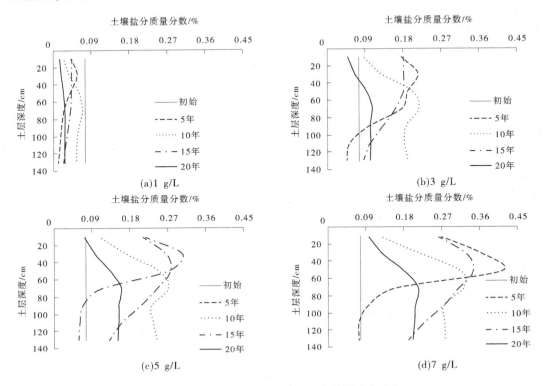

图 7-8　不同灌水年限土壤剖面含盐量分布特征

表 7-2　棉花根系层 0~60 cm 土壤脱盐率分析

时间/年	降水量/ mm	灌水次数	灌水量/ mm	脱盐率/%			
				1 g/L	3 g/L	5 g/L	7 g/L
1	403.3	2	150	21.89	-40.88	-89.63	-136.60
2	649.9	1	75	54.63	54.66	53.98	53.18
3	711.1	1	75	51.78	46.02	43.61	42.66
4	586.9	1	75	22.08	-0.33	-0.32	-2.90
5	208.6	3	225	-349.39	-500.93	-600.14	-598.95
6	262.0	2	150	-20.23	-27.02	-13.12	-2.25
7	377.1	2	150	2.05	6.06	12.96	14.70
8	424.2	1	75	0.11	6.05	18.56	22.81
9	440.8	1	75	23.37	26.74	22.65	20.06
10	411.6	1	75	-3.28	-6.79	-9.80	-17.07
11	560.2	1	75	41.30	40.38	39.58	42.13

续表 7-2

时间/年	降水量/ mm	灌水次数	灌水量/ mm	脱盐率/%			
				1 g/L	3 g/L	5 g/L	7 g/L
12	569.0	1	75	34.68	35.96	32.44	29.09
13	540.2	1	75	11.98	22.03	12.27	10.46
14	379.0	2	150	−74.05	−125.77	−117.26	−132.14
15	363.0	2	150	−23.17	−37.55	−34.83	−23.95
16	571.1	1	75	49.22	55.55	54.81	52.98
17	565.2	1	75	10.95	15.41	13.16	13.09
18	430.1	1	75	−13.83	−27.38	−26.62	−30.40
19	480.7	1	75	−23.75	−12.92	−16.60	−13.90
20	528.1	1	75	2.57	1.61	6.78	5.33

7.2.2.2 逐日变化过程

图 7-9 给出了咸水连续灌溉 20 年期间根系层土壤含盐量的逐日变化特征。由图 7-9 可见,根系层土壤含盐量的变化过程具有明显的规律性。年内,棉花播前造墒后土壤含盐量直线增加,棉花生长季受降雨淋洗呈降低趋势,但补灌时又直线增加,休闲季基本稳定,以此循环往复。年际间,丰水年根系层土壤含盐量最低,其次是平水年,干旱年最高。总体而言,1 g/L 深层地下水灌溉处理根系层土壤含盐量始终处于低位波动,峰值仅为 0.087%;3 g/L、5 g/L、7 g/L 咸水处理根系层土壤含盐量的波动幅度逐渐增大,峰值分别为 0.289%、0.432% 和 0.543%。经过连续灌溉 20 年后,1 g/L 和 3 g/L 处理根系层 0~60 cm 土壤含盐量分别比初始值降低了 74.99% 和 10.30%;5 g/L 和 7 g/L 处理分别比初始值增加了 33.35% 和 74.89%。

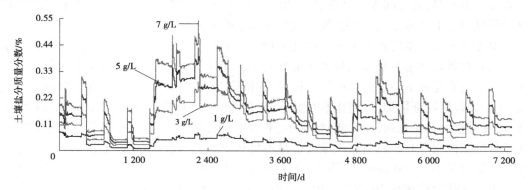

图 7-9 咸水连续灌溉下根系层 0~60 cm 土壤含盐量逐日变化过程

7.2.3 连续多年咸水灌溉情景下次生盐渍化水平

由于不合理的耕作灌溉而引起的土壤盐渍化过程,称为次生盐渍化。参考我国盐碱地分级标准,轻度、中度、重度盐碱地的耕层土壤含盐量分别为 0.1% ~ 0.3%、0.3% ~ 0.6%、>0.6%。然而,咸水灌溉下土壤盐分含量处于实时变化之中,因此仅采用某一次或某一层的土壤含盐量划分盐渍化等级有不合理之处。本书在情景模拟的基础上,分别给出了咸水连续灌溉 20 年期间,耕层(0 ~ 20 cm)、主要根系层(0 ~ 60 cm)和"安全土层"(0 ~ 140 cm)的平均土壤含盐量,并以此划分盐渍化水平,结果见表 7-3。从表 7-3 中可以看出,连续灌溉 20 年,1 g/L 深层地下水对任何土层都不会造成次生盐渍化;若参照盐碱地分级标准,3 g/L 微咸水不会导致次生盐渍化,但若按照根系层和"安全土层"含盐量,达到了较低水平的轻度盐渍化;无论按哪个土层,5 g/L 和 7 g/L 咸水灌溉处理均达到了轻度盐渍化。

表 7-3   咸水连续灌溉 20 年期间不同土层的平均含盐量及盐渍化程度

处理	0 ~ 20 cm		0 ~ 60 cm		0 ~ 140 cm	
	含盐量/%	盐渍化水平	含盐量/%	盐渍化水平	含盐量/%	盐渍化水平
1 g/L	0.026	非盐渍化	0.034	非盐渍化	0.036	非盐渍化
3 g/L	0.082	非盐渍化	0.109	轻度盐渍化	0.112	轻度盐渍化
5 g/L	0.120	轻度盐渍化	0.156	轻度盐渍化	0.161	轻度盐渍化
7 g/L	0.152	轻度盐渍化	0.196	轻度盐渍化	0.203	轻度盐渍化

7.2.4 不同矿化度咸水利用潜力

由第 4 章可知,2012—2014 年试验期间,与 1 g/L 灌水处理相比,3 g/L 和 5 g/L 处理棉花的产量和纤维品质均未显著降低,7 g/L 处理棉花的产量显著降低。尽管这一结果是在移栽补全苗的条件下得出的,然而 3 g/L 和 5 g/L 灌水处理的出苗率与 1 g/L 处理间的差异并不明显,彼此间未达显著水平,但 7 g/L 处理棉花的出苗率显著低于 1 g/L 处理。显而易见,7 g/L 咸水不宜按照常规模式直接用于棉田灌溉。

由连续多年灌溉情景下土壤盐渍化分级情况可知,3 g/L 微咸水有导致土壤次生盐渍化的潜在风险,5 g/L 咸水已导致土壤发生了次生盐渍化,但仅为较低水平的轻度盐渍化。轻度盐渍化并不一定会对棉花生长、产量和品质产生不良影响,但若随灌溉年限的延长,土壤含盐量逐渐增加,盐渍化不断加重,便会对生态环境造成破坏。从 20 年模拟结果来看,在完整的水文系列(丰水年、枯水年、平水年)中,3 g/L 微咸水处理任一土层的土壤含盐量均能控制在 0.3% 以内,土壤含盐量不足 0.2% 的天数占 90% 以上;5 g/L 微咸水处理仅在降水量小于 300 mm 的干旱年份,出现了土壤含盐量大于 0.3% 的情况,其余年份各层土壤含盐量均在 0.3% 以下。由此说明,3 g/L 和 5 g/L 微咸水连续灌溉并没有导致土壤含盐量逐年增多,而是保持土壤含盐量处于较低水平(小于 0.3%)的动态变化过程中。然而,在干旱年份(降水量小于 300 mm),采用 5 g/L 咸水灌溉 2 次以上时,有致使土壤产生中度盐渍化的风险。

在河北低平原区,本着确保棉花产业和生态环境健康、可持续发展的原则,常规地面畦灌模式下 3 g/L 和 5 g/L 微咸水可直接替代深层地下淡水用于棉田造墒和补灌,但棉花生长期内连续应用次数不宜超过 3 次和 2 次;遇连续干旱年,减少应用次数,交替使用较低矿化度水质对土壤水盐进行调控。7 g/L 咸水不适宜直接用于棉田灌溉,但可以和深层地下水按照小于 2∶1 的比例混合后灌溉。若采用膜下滴灌等局部灌溉技术,各矿化度咸水的利用潜力可能有所增加。

7.3　河北低平原区棉花咸水灌溉制度

本节在 2012—2014 年试验结果和以往学者研究的基础上,结合当地实际情况,明确棉花生长期间适宜的土壤水分和盐分指标;之后根据连续多年灌溉下土壤水盐动态,对常规畦灌下的咸水灌溉制度进行改进和优化。

2012—2014 年咸水灌溉试验采用了当地常规灌溉模式,仅设置了灌溉水浓度处理,并未设置灌水次数和灌水量处理,因此无法得到棉花生长所需的适宜水分指标。孟兆江等(2008)研究指出,苗期和吐絮期保证棉花不受水分胁迫需满足根区土壤含水率不低于田间持水率的 50%,蕾期不低于 60%,花铃期不低于 75%,该指标是在盆栽条件下给出的。参照 2012—2014 年根系测定结果,棉花苗期、蕾期、花铃期和吐絮期根系的最大下扎深度分别为 30 cm、50 cm、100 cm 和 100 cm,考虑到棉花生育期内根系主要分布在 0~60 cm 土层,将棉花苗期、蕾期和花铃期的灌水计划湿润层深度分别定为 40 cm、60 cm 和 80 cm;灌水控制下限分别定为田间持水率的 50%~55%、60%~65% 和 70%~75%,吐絮期不设水分处理。

适当的土壤盐分含量对棉花生长影响不大,但当土壤含盐量超过一定限度就会对棉花生长造成危害。关于棉花的耐盐阈值,众多学者的结论不一,Beltran(1999)和 Murtaza 等(2006)研究指出棉花苗期和蕾期的耐盐阈值为 3 dS/m;联合国粮农组织给出的棉花耐盐阈值为 7.7 dS/m(Maas,1977;Allen et al,1998),HYDRUS 模型中根系吸水计算即推荐采用这一数值。本书得出的咸水灌溉棉花的耐盐阈值与联合国粮农组织推荐值较为接近,因此采纳联合国粮农组织的推荐值。

图 7-10(a)给出了不同矿化度咸水连续灌溉情景下灌水计划湿润层(吐絮期和休闲期为 0~80 cm)土壤体积含水率的变化过程。由图 7-10(a)可以看出,20 年期间,棉花苗期和蕾期灌水计划湿润层含水率没有出现小于临界值的情况(θ_{FC} 为田间持水率);花铃期灌水计划湿润层含水率连续 5 d 以上低于临界值的情况,仅在第 5 年、第 6 年、第 8 年出现,这 3 年棉花生长季的降水量分别为 150.7 mm、252.5 mm 和 374.6 mm,补灌次数分别为 2、1 和 0。图 7-10(b)给出了灌水计划湿润层土壤溶液电导率的变化过程。由图 7-10(b)可以看出,20 年期间,1 g/L 深层地下水处理的土壤溶液电导率没有出现大于耐盐阈值($EC_{threshold}$)的情况;3 g/L、5 g/L 和 7 g/L 咸水处理棉花播种至吐絮分别有 3 年、11 年和 18 年土壤溶液电导率连续 5 d 以上出现了大于耐盐阈值的情况。土壤溶液电导率较高时期对应的土壤体积含水率一般都较低。

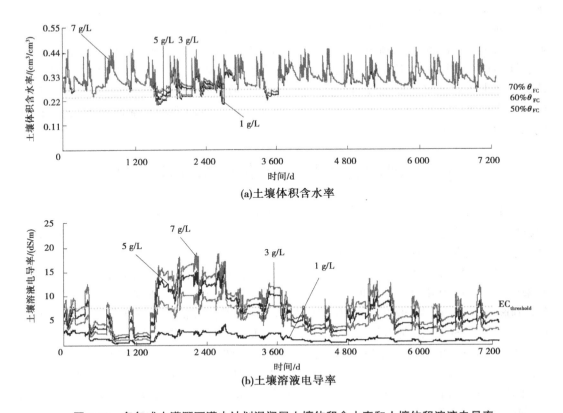

图7-10 多年咸水灌溉下灌水计划湿润层土壤体积含水率和土壤体积溶液电导率

综合以上分析,单从土壤水分来看,本书情景模拟给出的灌溉制度较为合理,但降水量小于300 mm的干旱年份需增加补灌次数。然而,从土壤盐分浓度来看,3 g/L微咸水的灌溉制度基本合理,5 g/L和7 g/L存在不合理之处,需要控制灌水次数。上述灌溉制度是在已知降雨情况下提出的,但实际生产中,不可能精确地预知降雨。因此,需要对该灌溉制度进行优化,尚能用于指导生产。结合根系层土壤水盐控制指标,对河北低平原区咸水灌溉制度进行以下优化:

(1)播前造墒:于棉花播前4~6 d造墒,造墒水定额为75 mm。

(2)生育期内补灌:苗期、蕾期和花铃期,当灌水计划湿润层含水率(苗期仅采用膜下值)分别达到田间持水率的50%~55%、60%~65%和70%~75%,且天气预报未来5 d无强度较大降雨时灌水,灌水定额为75 mm;吐絮期不需灌水。

(3)灌溉水矿化度指标:当灌水前连续超过5 d计划湿润层土壤溶液电导率大于7 dS/m时,采用小于5 g/L的微咸水进行灌溉;当灌水前连续超过5 d土壤溶液电导率大于10 dS/m时,采用小于3 g/L的微咸水进行灌溉。

7.4　小　结

（1）采用第 6 章介绍的模拟方法和率定的模型参数,对当地常规灌溉和植棉模式下 1 g/L、3 g/L、5 g/L、7 g/L 灌溉水质连续灌溉 20 年期间的水盐动态进行预测。结果表明,4 个灌水处理土壤水分的差异非常小,但在某些时期呈现了随着灌溉水矿化度的增加而增大的规律;处理间土壤盐分的差异非常明显,灌溉水矿化度愈高,土壤溶液电导率愈大。

20 年期间,4 个灌水处理的土壤盐度并没有随着灌溉年限的增加而增大,而是处于起伏波动之中。土壤盐度在丰水年较低,干旱年较高,平水年较为适中,其波动幅度随着灌溉水矿化度的增加而增大、随着土层深度的增加而减小。

（2）连续多年灌溉情景下,1 g/L 深层地下水灌溉没有任何盐渍化风险;3 g/L 微咸水灌溉有导致土壤次生盐渍化的潜在风险;5 g/L 和 7 g/L 咸水灌溉已导致土壤发生了次生盐渍化,但 5 g/L 咸水灌溉仅导致了较低水平的轻度盐渍化。综合考虑土壤盐分变化特征和棉花生产效益,3 g/L 和 5 g/L 微咸水可直接用于棉花播前造墒和补灌,但需要控制灌溉次数;7 g/L 咸水不宜直接用于棉田灌溉,可与低矿化度微咸水或淡水混合稀释后使用。

（3）在前人研究的基础上,结合本书试验研究和模拟预测,河北低平原区微咸水适宜灌溉制度为:棉花播前 4~6 d 造墒,造墒水定额为 75 mm。苗期、蕾期、花铃期灌水计划湿润层深度分别为 40 cm、60 cm、80 cm;灌水控制下限分别为 50%~55%、60%~65%、70%~75%;当灌水计划湿润层深度内土壤含水率达到下限,且未来 5 d 预报没有强度较大的降雨时灌水,灌水定额为 75 mm。当灌水前连续 5 d 以上计划湿润层土壤溶液电导率大于 7 dS/m 时,采用小于 5 g/L 的微咸水进行灌溉;当灌水前连续 5 d 以上土壤溶液电导率大于 10 dS/m 时,采用小于 3 g/L 的微咸水进行灌溉。

参考文献

[1] 蔡立群,罗珠珠,张仁陟,等.不同耕作措施对旱地农田土壤水分保持及入渗性能的影响研究[J].中国沙漠,2012,32(5):1362-1368.

[2] 曹彩云,李科江,马俊永,等.河北低平原浅层咸水的利用现状与开发潜力[J].安徽农学通报,2007,13(18):66-68.

[3] 柴春玲.棉花膜下滴灌咸淡水轮灌灌溉制度试验研究[D].保定:河北农业大学,2005.

[4] 陈丽娟,冯起,王昱,等.微咸水灌溉条件下含黏土夹层土壤的水盐运移规律[J].农业工程学报,2012,28(8):44-51.

[5] 陈玉民,郭国双,王广兴,等.中国主要作物需水量与灌溉[M].北京:水利电力出版社,1995.

[6] 单鱼洋.干旱区膜下滴灌水盐运移规律模拟及预测研究[D].北京:中国科学院大学,2012.

[7] 邓祥顺,秦新敏,刘敏彦.中国棉业科技进步30年:河北篇[J].中国棉花,2009,36(增刊):7-11.

[8] 窦超银,康跃虎,万书勤.地下水浅埋区重度盐碱地覆膜咸水滴灌水盐动态试验研究[J].土壤学报,2011,48(3):524-532.

[9] 杜金龙.干旱盐渍区非饱和-饱和带水盐耦合模拟与调控:以焉耆盆地为例[D].武汉:中国地质大学,2009.

[10] 冯棣,曹彩云,郑春莲,等.盐分胁迫时量组合与棉花生长性状的相关研究[J].中国棉花,2011(8):24-26.

[11] 冯棣,张俊鹏,曹彩云,等.咸水畦灌条件下土壤水盐运移规律[J].水土保持学报,2011,25(5):48-52.

[12] 冯棣,张俊鹏,孙景生,等.咸水畦灌棉花耐盐性鉴定指标与耐盐特征值研究[J].农业工程学报,2012,28(8):52-57.

[13] 冯棣.咸水造墒条件下棉花耐盐指标与安全性评价[D].北京:中国农业科学院,2014.

[14] 付腾飞,贾永刚,郭磊,等.淋洗条件下砂土和粉土水盐运移过程的监测研究[J].环境科学,2012,33(11):3022-3026.

[15] 龚江,鲍建喜,吕宁,等.滴灌条件下不同盐水平对棉花根系分布的影响[J].棉花学报,2009,21(2):138-143.

[16] 郭进考,史占良,何明琦,等.发展节水小麦缓解北方水资源短缺:以河北省冬小麦为例[J].中国生态农业学报,2010,18(4):876-879.

[17] 郭太龙,迟道才,王全九,等.入渗水矿化度对土壤水盐运移影响的试验研究[J].农业工程学报,2005,21(增刊):84-87.

[18] 郭元裕.农田水利学[M].北京:中国水利水电出版社,1980.

[19] 何新林,陈书飞,王振华,等.咸水灌溉对沙土土壤盐分和胡杨生理生长的影响[J].生态学报,2012,32(11):3449-3459.

[20] 何雨江,汪丙国,王在敏,等.棉花微咸水膜下滴灌灌溉制度的研究[J].农业工程学报,2010,26(7):14-20.

[21] 洪继仁,方光华,陈如梅,等.棉花实验方法[M].北京:农业出版社,1985.

[22] 胡宁,娄翼来,张晓珂,等.保护性耕作对土壤交换性盐基组成的影响[J].应用生态学报,2010,21(6):1492-1496.

[23] 虎胆·吐马尔白,王一民,牟洪臣,等.膜下滴灌棉花根系吸水模型研究[J].干旱地区农业研究,2012,30(1):66-70.

[24] 季泉毅,冯绍元,袁成福,等.石羊河流域咸水灌溉对土壤物理性质的影响[J].排灌机械工程学报,2014,32(9):802-807.

[25] 蒋静,冯绍元,王永胜,等.灌溉水量和水质对土壤水盐分布及春玉米耗水的影响[J].中国农业科学,2010,43(11):2270-2279.

[26] 蒋玉蓉,吕有军,祝水金.棉花耐盐机理与盐害控制研究进展[J].棉花学报,2006,18(4):248-254.

[27] 焦艳平,潘增辉,张艳红,等.微咸水灌溉对河北低平原区土壤盐分及棉花的影响[J].灌溉排水学报,2012,31(5):31-34.

[28] 雷志栋,杨诗秀,谢森传.土壤水动力学[M].北京:清华大学出版社,1988.

[29] 李彩霞.沟灌条件下SPAC系统水热传输模拟[D].北京:中国农业科学院,2011.

[30] 李春友,任理,李保国.秸秆覆盖条件下土壤水热盐耦合运动规律模拟研究进展[J].水科学进展,2000,11(3):325-332.

[31] 李冬顺,杨劲松,周静.黄淮海平原盐渍土壤浸提液电导率的测定及其换算[J].土壤学报,1996,27(6):285-287.

[32] 李科江,马俊永,曹彩云,等.不同矿化度咸水造墒灌溉对棉花生长发育和产量的影响[J].中国生态农业学报,2011,19(2):312-317.

[33] 李思恩.西北旱区典型农田水热碳通量的变化规律与模拟研究[D].北京:中国农业大学,2009.

[34] 刘恩洪.有机肥后效对咸水地小麦、夏玉米产量及其土壤脱盐效果的影响[J].盐碱地利用,1994(3):25-26.

[35] 刘凤山,周智彬,陈秀龙,等.应用根系生态位指数研究不同灌溉量棉花根系分布特征[J].棉花学报,2011,23(1):39-43.

[36] 刘福汉,王遵亲.潜水蒸发条件下不同质地剖面的土壤水盐运动[J].土壤学报,1993,30(2):173-181.

[37] 刘广明,杨劲松,李冬顺.地下水作用条件下粉沙壤土盐分动态研究[J].土壤学报,2001,38(3):365-372.

[38] 刘胜尧,范凤翠,李志宏,等.咸水负压渗灌对番茄生长和土壤盐分的影响[J].农业工程学报,2013,29(22):108-117.

[39] 刘雅辉,常青,李九欢,等.咸水浇灌及改良剂对黏质滨海盐土离子组成及棉花生长的影响[J].西北农业学报,2014,23(4):146-151.

[40] 刘玉春,姜红安,李存东,等.河北省棉花灌溉需水量与灌溉需求指数分析[J].农业工程学报,2013,29(19):98-104.

[41] 鲁如坤.土壤农业化学分析方法[M].北京:中国农业科技出版社,1999.

[42] 吕宁,侯振安,龚江.不同滴灌方式下咸水灌溉对棉花根系分布的影响[J].灌溉排水学报,2007,26(5):58-62.

[43] 吕祝乌.土壤水盐运移模拟及灌溉制度优化设计[D].南京:河海大学,2005.

[44] 马文军,程琴娟,李良涛,等.微咸水灌溉下土壤水盐动态及对作物产量的影响[J].农业工程学报,2010,26(1):73-80.

[45] 孟兆江,卞新民,刘安能,等.调亏灌溉对棉花生长发育及其产量和品质的影响[J].棉花学报,2008,20(1):39-44.

[46] 聂振平,汤波.作物蒸发蒸腾量测定与估算方法综述[J].安徽农学通报,2007,13(2):54-56.

[47] 彭世彰,徐俊增.参考作物蒸发蒸腾量计算方法的应用比较[J].灌溉排水学报,2004,23(6):5-9.

[48] 平文超,张永江,刘连涛,等.不同密度对棉花根系生长与分布的影响[J].棉花学报,2011,23(6): 522-528.

[49] 乔冬梅,史海滨,薛铸.盐渍化地区油料向日葵根系吸水模型的建立[J].农业工程学报,2006,22 (8):44-49.

[50] 乔冬梅,吴海卿,齐学斌,等.不同潜水埋深条件下微咸水灌溉的水盐运移规律及模拟研究[J].水 土保持学报,2007,21(6):7-15.

[51] 任理,刘兆光,李保国.非稳定流条件下非饱和均质土壤溶质运移的传递函数解[J].水利学报, 2000(2):7-15.

[52] 邵玉翠,张余良,李悦,等.天然矿物改良剂在微咸水灌溉土壤中应用效果的研究[J].水土保持学 报,2005,19(4):100-103.

[53] 石元春,辛德惠.黄淮海平原的水盐运动和旱涝盐碱的综合治理[M].石家庄:河北人民出版社, 1983.

[54] 史文娟,沈冰,汪志荣,等.蒸发条件下浅层地下水埋深夹砂层土壤水盐运移特性研究[J].农业工 程学报,2005,21(9):23-26.

[55] 宋振伟,郭金瑞,邓艾兴,等.耕作方式对东北春玉米农田土壤水热特征的影响[J].农业工程学报, 2012,28(16):108-114.

[56] 孙炳华,刘兰芳.咸淡混浇技术在沧州农田灌溉中的应用与探讨[J].节水灌溉,2010(3):50-51.

[57] 孙林,罗毅,杨传杰,等.不同灌溉量膜下微咸水滴灌土壤盐分分布与积累特征[J].土壤学报, 2012,49(3):428-436.

[58] 孙肇君,李鲁华,张伟,等.膜下滴灌棉花耐盐预警值的研究[J].干旱地区农业研究,2009,27(4): 140-145.

[59] 唐薇,罗振,温四民,等.干旱和盐胁迫对棉苗光合抑制效应的比较[J].棉花学报,2007,19(1): 28-32.

[60] 汪丙国,靳孟贵,何雨江,等.微咸水膜下滴灌灌溉制度试验研究[J].地质科技情报,2010,29(5): 96-111.

[61] 王俊娟,王德龙,樊伟莉,等.陆地棉萌发至三叶期不同生育阶段耐盐特性[J].生态学报,2011,31 (13):3720-3727.

[62] 王一民,虎胆·吐马尔白,弋鹏飞,等.膜下滴灌棉花根系吸水模型的建立[J].水土保持通报, 2011,31(1):137-140.

[63] 王在敏,何雨江,靳孟贵,等.运用土壤水盐运移模型优化棉花微咸水膜下滴灌制度[J].农业工程 学报,2012,28(17):63-70.

[64] 吴忠东,王全九.微咸水波涌畦灌对土壤水盐分布的影响[J].农业机械学报,2010,41(1):53-58.

[65] 谢德意,王惠萍,王付欣,等.盐胁迫对棉花种子萌发及幼苗生长的影响[J].种子,2000,(3): 10-13.

[66] 熊宗伟,王雪姣,顾生浩,等.中国棉花纤维品质检验和评价的研究进展[J].棉花学报,2012,24 (5):451-460.

[67] 徐力刚,杨劲松,张妙仙.种植作物条件下粉砂壤质土壤水盐运移的数值模拟研究[J].土壤学报, 2004,41(1):50-55.

[68] 杨从会,王立洪,胡顺军.微咸水膜下滴灌条件下棉花耗水规律的研究[J].中国农村水利水电, 2010(2):71-72.

[69] 杨劲松.灌溉水质和方式对土壤水力传导特性的影响[J].土壤,1992(4):186-191.

[70] 杨树青,杨金忠,史海滨.不同作物种植条件下微咸水灌溉的土壤环境效应试验研究[J].灌溉排水

学报,2007,26(6):55-62.

[71] 张爱习,裴宝琦,郑成海.在线测控苦咸水安全混灌装置及其应用[J].节水灌溉,2011(11):73-76.

[72] 张俊鹏,曹彩云,冯棣,等.微咸水造墒条件下植棉方式对产量与土壤水盐的影响[J].农业机械学报,2013,44(2):97-102.

[73] 张俊鹏,冯棣,曹彩云,等.咸水灌溉对覆膜棉花生长与水分利用的影响[J].排灌机械工程学报,2014,32(5):448-455.

[74] 张俊鹏,冯棣,郑春莲,等.咸水灌溉对土壤水热盐变化及棉花产量和品质的影响[J].农业机械学报,2014,45(9):161-167.

[75] 张俊鹏,郑春莲,孙景生,等.微咸水造墒对不同种植方式棉花生长的影响[J].干旱地区农业研究,2012,30(1):78-82.

[76] 张利平,夏军,胡志芳.中国水资源状况与水资源安全问题分析[J].长江流域资源与环境,2009,18(2):116-120.

[77] 张永波,王秀兰.表层盐化土壤区咸水灌溉试验研究[J].土壤学报,1997,34(1):53-59.

[78] 张豫,王立洪,孙三民,等.阿克苏河灌区棉花耐盐指标的确定[J].中国农业科学,2011,44(10):2051-2059.

[79] 张展羽,郭相平,乔保雨,等.作物生长条件下农田水盐运移模型[J].农业工程学报,1999,15(2):69-73.

[80] 赵耕毛,刘兆普,陈铭达.不同降雨强度下滨海盐渍土水盐运动规律模拟实验研究[J].南京农业大学学报,2003,26(2):51-54.

[81] 赵娜娜,刘钰,蔡甲冰,等.夏玉米棵间蒸发的田间试验与模拟[J].农业工程,2012,28(21):66-73.

[82] 赵延宁.咸淡混灌与管道输水一体化技术的应用[J].地下水,1996,18(4):148-149.

[83] 郑九华,冯永军,于开芹.秸秆覆盖条件下微咸水灌溉水盐运移数值模拟[C]//第二届国际计算机及计算技术在农业中的应用研讨会暨第二届中国农村信息化发展论坛论文集,2008.

[84] 郑元元.盐胁迫下解盐促生菌提高棉花耐盐性及其促生机理的研究[D].石河子:石河子大学,2007.

[85] 中国农业科学院棉花研究所.中国棉花栽培学[M].上海:上海科学技术出版社,2013.

[86] 朱李英.棉花根系吸水模型的试验研究及数值模拟[D].太原:太原理工大学,2006.

[87] 左余宝,逄焕成,李玉义,等.鲁北地区地膜覆盖对棉花需水量、作物系数及水分利用效率的研究[J].中国农业气象,2010,31(1):37-40.

[88] Ahmad S, Khan N, Iqbal M Z, et al. Salt Tolerance of Cotton (Gossypium hirsutum L.)[J]. Asian Journal of Plant Sciences, 2002,1(6):715-719.

[89] Ahmed C B, Magdich S, Rouina B B, et al. Saline water irrigation effects on soil salinity distribution and some physiological responses of field grown Chemlali olive[J]. Journal of Environmental Management, 2012(113):538-544.

[90] Allen R G, Pereira L S, Smith M, et al. FAO-56 dual crop coefficient method for estimating evaporation from soil and application extensions[J]. Journal of Irrigation and Drainage Engineering, 2005,131(1):2-13.

[91] Allen R G, Pereiro L S, Raes D, et al. Crop evapotranspirtion: Guidelines for computing crop requirements[M]. Rome: Irrigation and Drainage paper No. 56, FAO, 1998.

[92] Aragüés R, Medina E T, Clavería I, et al. Regulated deficit irrigation, soil salinization and soil sodification in a table grape vineyard drip-irrigated with moderately saline waters[J]. Agricultural Water Management, 2014(134):84-93.

[93] Ashraf M, Ahmad S. Influences of sodium chloride on ion accumulation, yield components, and fibre characteristics in salt-tolerances and salt-sensitive lines of cotton (Gossypium hirsutum L.) [J]. Field Crops Research,2000(66) :115-127.

[94] Ashraf M. Salttolerance of cotton: Some new advances[J]. Critical Reviews in Plant Sciences, 2002,21 (1) :1-30.

[95] Ayars J E, Hutmacher R B, Schoneman R A, et al. Long term use of saline water for irrigation[J]. Irrigation Science, 1993,14(1) :27-34.

[96] Ayars J E, Schoneman R A, Dale F, et al. Managing subsurface drip irrigation in the presence of shallow ground water[J]. Agricultural Water Management, 2001,47(3) :243-264.

[97] Benes S E, Adhikari D D, Grattan S R, et al. Evapotranspiration potential of forages irrigated with saline-sodic drainage water[J]. Agricultural Water Management,2012(105) :1-7.

[98] Bezborodov G A, Shadmanov D K, Mirhashimov R T, et al. Mulching and water quality effects on soil salinity and sodicity dynamics and cotton productivity in Central Asia[J]. Agriculture, Ecosystems & Environment,2010,138(1-2) :95-102.

[99] Bezerra B G, Silva B B D, Bezerra J R C, et al. Evapotranspiration and crop coefficient for sprinkler-irrigated cotton cropin Apodi Plateau semiarid lands of Brazil[J]. Agricultural Water Management,2012 (107) :86-93.

[100] Biggar J W, Nielsen D R. Miscible Displacement in Soils:Ⅱ. Behavior of tracers[J]. Soil Science Society of America Journal,1962,26(2) :125-128.

[101] Biggar J W, Nielsen D R. Miscible Displacement in Soils: Ⅱ. Exchange processe[J]. Soil Science Society of America Journal,1963,27(6) :623-627.

[102] Bradford S, Letey J, Cardon G E. Simulated crop production under saline high water table conditions [J]. Irrigation Science,1991,12(2) :73-77.

[103] Brugnoli E, Björk man O. Growth of cotton under continuous salinity stress: influence on allocation pattern, stomatal and non-stomatal components of photosynthesis and dissipation of excess light energy [J]. Planta,1992,187(3) :335-347.

[104] Buckingham E. Studies on the movement of soil moisture[M]. Bull. 38. Washington:USDA, Bureau of Soils,1907.

[105] Busch C D, Turner F Jr. Sprinkling cotton with saline water[J]. Progressive Agriculture,1965(17) : 27-28.

[106] Chen L J, Feng Q. Soil water and salt distribution under furrow irrigation of saline water with plastic mulch on ridge[J]. Journal of Arid Land,2013,5(1) :60-70.

[107] Chen L J, Feng Q, Li F R, et al. Simulation of soil water and salt transfer under mulched furrow irrigation with saline water[J]. Geoderma,2015(241-242) :87-96.

[108] Choudhary O P, Josan A S, Bajwa M S. Yield and fibre quality of cotton cultivars as affected by the build-up of sodium in the soil with sustained sodic irrigations under semi-arid conditions[J]. Agricultural Water Management,2001,49(1) :1-9.

[109] Crescimanno G, Marcum K B, Morga F. Plant response to irrigation with saline water in a Sicilian vineyard:Results of a three-year field investigation[J]. Italian Journal of Agronomy,2012,7(1) :71-73.

[110] Dathe A, Fleisher D H, Timlin D J, et al. Modeling potato root growth and water uptake under water stress conditions[J]. Agricultural and Forest Meteorology,2014(194) :37-49.

[111] Dong H Z,Kong X Q, Luo Z, et al. Unequal salt distribution in the root zone increases growth and yield

of cotton[J]. European Journal of Agronomy,2010,33(4):285-292.

[112] Ertek A, Sensoy S, Gedik I, et al. Irrigation scheduling based on pan evaporation values for cucumber (Cucumis sativus L.)grown under field conditions[J]. Agricultural Water Management,2006,81(1/2): 159-172.

[113] Feddes R A, Kowalik P J, Zaradny H. Simulation of field water use and crop yield[M]. New York:John Wiley & Sons,1978.

[114] Forkutsa I, Sommer R,Shirokova Y I,et al. Modeling irrigated cotton with shallow groundwater in the Aral Sea Basin of Uzbekistan: II Soil salinity dynamics[J]. Irrigation Science, 2009(27):319-330.

[115] Gao Y, Yang L L, Shen X J,et al. Winter wheat with subsurface drip irrigation (SDI): Crop coefficients, water-use estimates, and effects of SDI on grain yield and water use efficiency[J]. Agricultural Water Management,2014(146):1-10.

[116] Garatuza-Payan J,Watts C J. The use of remote sensing for estimating ET of irrigated wheat and cotton in Northwest Mexico[J]. Irrigation and Drainage Systems,2005,19(3-4):301-320.

[117] Ghrab M, Ayadi M, Gargouri K. Long-term effects of partial root-zone drying (PRD) on yield, oil composition and quality of olive tree (cv. Chemlali) irrigated with saline water in arid land[J]. Journal of Food Composition and Analysis,2014(36):90-97.

[118] Greenway H, Munns R. Mechanisms of salt tolerance in nonhalophytes[J]. Annual Review of Plant Physiology and Molecular Biology,1980(31):149-190.

[119] Hanson B, Hopmans J W, Šimůnek J. Leaching with subsurface drip irrigation under saline, shallow groundwater conditions[J]. Vadose Zone Journal, 2008,7(2):810-818.

[120] Hemmat A, Khashoei A A. Emergence of irrigated cotton in flatland planting in relation to furrow opener type and crust-breaking treatments for Cambisols in central Iran[J]. Soil and Tillage Research,2003,70 (2):153-162.

[121] Homaee M, Feddes R A, Dirksen C. A macroscopic water extraction model for non-uniform transient salinity and water stress[J]. Soil Science Society of America Journal,2002,66(6):1764-1772.

[122] Hu S J, Shen Y J, Chen X L, et al. Effects of saline water drip irrigation on soil salinity and cotton growth in an Oasis Field[J]. Ecohydrology, 2013,6(6):1021-1030.

[123] Hunsaker D J, Pinter Jr P J, Barnes E M,et al. Estimating cotton evapotranspiration crop coefficients with a multispectral vegetation index[J]. Irrigation Science, 2003,22(2):95-104.

[124] Jensen M E, Burman R D, Allen R G. Evapotranspiration and irrigation water requirements[C]//ASCE Manuals and Reports on Engineering Practice, No. 70. New York:American Society of Civil Engineers, 1990.

[125] Ješko T, Navara J, Dekánková K. Root growth and water uptake by flowering maize plants, under drought conditions[J]. Biology of Root Formation and Development,1997(65):270-271.

[126] Jury W A. Simulation of solute transport using a transfer function model[J]. Water Resources Research, 1982, 18(2):369-375.

[127] Kahlown M A, Azam M. Effect of saline drainage effluent on soil health and crop yield[J]. Agricultural Water Management, 2003,62(2):127-138.

[128] Kang Y H, Wang R S, Wan S Q, et al. Effects of different water levels on cotton growth and water use through drip irrigation in an arid region with saline ground water of Northwest China[J]. Agricultural Water Management, 2012(109):117-126.

[129] Kirnak H. Effects of irrigation water salinity on yield and evapotranspiration of drip irrigated cucumber in

a semiarid environment[J]. Biosaline Agriculture and Salinity Tolerance in Plants, 2006(3):155-162.

[130] Lafolie F, Bruckler L, Tardieu F. Modeling root water potential and soil-root water transport. I. Model presentation[J]. Soil Science Society of America Journal,1991(55):1203-1212.

[131] Lamsal K, Paudyal G N, Saeed M. Model for assessing impact of salinity on soil water availability and crop yield[J]. Agricultural Water Management,1999,41(1):57-70.

[132] Lapidus L, Amundson N R. Mathematics of adsorption in beds. Ⅳ. The effect of longitudinal diffusion in ion exchange and chromatographic columns[J]. The Journal of Physical Chemistry, 1952,56(8):984-988.

[133] Lekakis E H, Antonopoulos V Z. Modeling the effects of different irrigation water salinity on soil water movement, uptake and multicomponent solute transport[J]. Journal of Hydrology,2015(530):431-446.

[134] Liu M X, Yang J S, Li X M, et al. Effects of irrigation water quality and drip tape arrangement on soil salinity, soil moisture distribution, and cotton yield (Gossypium hirsutum L.) under mulched drip irrigation in Xinjiang, China[J]. Journal of Integrative Agriculture, 2012,11(3):502-511.

[135] Liu Y, Pereira L S, Fernando R M. Fluxes through the bottom boundary of the root zone in silty soils: Parametric approaches to estimate groundwater contribution and percolation[J]. Agricultural Water Management, 2006(84):27-40.

[136] Mahrer Y, Rytwo G. Modelling and measuring evapotranspiration in a daily drip irrigated cotton field [J]. Irrigation Science, 1991, 12(1): 13-20.

[137] Malash N, Flowers T J, Ragab R. Effect of irrigation systems and water management practices using saline and non-saline water on tomato production[J]. Agricultural Water Management, 2005(78):25-38.

[138] Mantell A, Frenkel H, Meiri A. Drip irrigation of cotton with saline-sodic water[J]. Irrigation Science, 1985,6(2):95-106.

[139] Martins J D, Rodrigues G C, Paredes Paula, et al. Dual crop coefficients for maize in southern Brazil: Model testing for sprinkler and drip irrigation and mulched soil[J]. Biosystems Engineering,2013,15 (3):291-310.

[140] Meni B H, Shmuel A. Tillage effects on water and salt distribution in a vertisol during effluent irrigation and rainfall[J]. Agronomy Journal,2002,94(6):1295-1304.

[141] Min W, Hou Z A, Ma L J, et al. Effects of water salinity and N application rate on water-and N-use efficiency of cotton under drip irrigation[J]. Journal of Arid Land,2014,6(4):454-467.

[142] Moreno F, Cabrera F, Fernández-Boy E, et al. Irrigation with saline water in the reclaimed marsh soils of south-est Spain: impact on soil properties and cotton and sugar beet crops[J]. Agricultural Water Management,2001(48):133-150.

[143] Moriasi D N, Arnold J G, Van Liew M W, et al. Model evaluation guidelines for systematic quantification of accuracy in watershed simulation[J]. Transactions of the ASABE,2007,50(3):885-900.

[144] Munns R. Comparative physiology of salt and water stress[J]. Plant, Cell and Environment,2002,25 (2):239-250.

[145] Murtaza G, Ghafoor A, Qadir M. Irrigation and soil management strategies for using saline-sodic water in a cotton-wheat rotation[J]. Agricultural Water Management, 2006(81):98-114.

[146] Nielsen D R, Biggar J W. Miscible displacement in soils: Ⅰ. Experimental Information [J]. Soil Science Society of America Journal,1961,25(1): 1-5.

[147] Nielsen D R, Biggar J W. Miscible displacement in soils:Ⅲ. Theoretical consideration[J]. Soil Science

Society of America Journal,1962,26(3):216-221.

[148] Ning S R, Shi J C, Zuo Q, et al. Generalization of the root length density distribution of cotton under film mulched drip irrigation[J]. Field Crops Research,2015(177):125-136.

[149] Oster J D. Irrigation with poor quality water[J]. Agriculture Water Management, 1994,25(3):271-297.

[150] Paço T A, Pôças I, Cunha M, et al. Evapotranspiration and crop coefficients for a super intensive olive orchard[J]. Journal of Hydrology,2014(519):2067-2080.

[151] Papastylianou P T, Argyrokastritis I G. Effect of limited drip irrigation regime on yield, yield components, and fiber quality of cotton under Mediterranean conditions[J]. Agricultural Water Management, 2014(142):127-134.

[152] Pedrero F, Maestre-Valero J F, Mounzer O, et al. Response of young 'Star Ruby' grapefruit trees to regulated deficit irrigation with saline reclaimed water[J]. Agricultural Water Management,2015(158): 51-60.

[153] Qadir M, Shams M. Some agronomic and physiological aspects of salt tolerance in cotton (Gossypium hirsutum L.)[J]. Journal of Agronomy and Crop Science,1997(179):101-106.

[154] Qiao D M, Shi H B, Pang H B, et al. Estimating plant root water uptake using a neural network approach[J]. Agricultural Water Management,2010(98):251-260.

[155] Radin J W, Mauney J R, Kerridge P C. Water uptake by cotton roots during fruit filling in relation to irrigation frequency[J]. Crop Science,1989,29(4):1000-1005.

[156] Rajak D, Manjunatha M V, Rajkumar G R, et al. Comparative effects of drip and furrow irrigation on the yield and water productivity of cotton (Gossypium hirsutum L.) in a saline and waterlogged vertisol [J]. European Journal of Agronomy,2010,33(4):285-292.

[157] Ranatunga K, Nation E R, Barodien G. Potential use of saline groundwater for irrigation in the Murray hydrogeological basin of Australia[J]. Environmental Modelling & Software,2010,25(10):1188-1196.

[158] Richards L A. Capillary conduction of liquids through porous mediums[J]. Journal of Applied Physics, 1931,1(5):318-333.

[159] Ritchie J T. Model for prediction evaporation from a row crop with incomplete cover[J]. Water Resource Research, 2001,8(5):1204-1213.

[160] Rolim J, Godinho P, Sequeira B, et al. Assessing the SIMDualKc model for irrigation scheduling simulation in Mediterranean environments[C]. Options méditerranéennes,Series B,2007:49-61.

[161] Sadeh A, Ravina I. Relationships between yield and irrigation with low-quality water—a system approach[J]. Agricultural Systems,2000(64):99-113.

[162] Sarig S, Roberson E B, Firestone M K. Microbial activity-soil structure: Response to saline water irrigation[J]. Soil Biology and Biochemistry,1993,25 (6):693-697.

[163] Schaap M G, Leij F J, Van Genuchten M Th. Rosetta:a computer program for estimating soil hydraulic parameters with hierarchical pedotransfer functions[J]. Journal of Hydrology, 2001,251(3):163-176.

[164] Selim H M, Davidson J M, Rao P S C. Transport of reactive solutes through multilayered soils[J]. Soil Science Society of America Journal,1977,41(1): 3-10.

[165] Selim T, Berndtsson R, Persson M, et al. Influence of geometric design of alternate partial root-zone subsurface drip irrigation (APRSDI) with brackish water on soil moisture and salinity distribution[J]. Agricultural Water Management, 2012,103(1):182-190.

[166] Shalhevet J, Vinten A, Meiri A. Irrigation Interval as a Factor in Sweet Corn Response to Salinity[J]. Agronomy Journal, 1986,78(3):539-545.

[167] Šimůnek J, Sejna M, Van Genuchten M. Th. The HYDRUS-1D software package for simulating the one dimensional movement of water, heat, and multiple solutes in variably saturated media (version 2.0) [M]. Riverside: Colorado School of Mines Publishers, 1998.

[168] Šimůnek J, Vogel T, Van Genuchten M Th. The SWMS-2D code for simulation water flow and solute transport in two-dimensional variably saturted media (Version 1.2) [M]. U.S. Salinity Laboratory: USDA. ARS, 1994.

[169] Singh R. Simulations on direct and cyclic use of saline waters for sustaining cotton-wheat in a semi-arid area of north-west India[J]. Agricultural Water Management, 2004, 66(2):153-162.

[170] Skaggs T H, Genuchten M T, Shouse P J, et al. Macroscopic approaches to root water uptake as a function of water and salinity stress[J]. Agricultural Water Management, 2006(1):140-149.

[171] Slichter C S. Field measurements of the rate of movement of underground waters[M]. Washington, D C: U.S. Geological Survey Water-Supply Paper, 1905.

[172] Talebnejad R, Sepaskhah A R. Effect of different saline groundwater depths and irrigation water salinities on yield and water use of quinoa in lysimeter[J]. Agricultural Water Management, 2005(148):177-188.

[173] Taylor G. Dispersion of soluble matter in solvent flowing slowly through a tube[J]. Proceedings of the Royal Society of London(Series A), 1953(219):186-203.

[174] Taylor H M, Klepper B. Water uptake by cotton root systems: an examination of assumptions in the single root model[J]. Soil Science, 1975(120):57-67.

[175] Taylor H M, Klepper B. Water uptake by cotton roots during an irrigation cycle[J]. Australian Journal of Biological Sciences, 1971, 24(4):853-860.

[176] Thind H S, Buttar G S, Aujla M S. Yield and water use efficiency of wheat and cotton under alternate furrow and check-basin irrigation with canal and tube well water in Punjab, India[J]. Irrigation Science, 2010, 28(6):489-496.

[177] Vulkan-Levy R, Ravinaa I, Mantell A, et al. Effect of water supply and salinity on pima cotton[J]. Agricultural Water Management, 1998, 37(2):121-132.

[178] Wan S Q, Kang Y H, Wang D, et al. Effect of brackish water irrigation and straw mulching on soil salinity and crop yields under monsoonal climatic conditions[J]. Agricultural Water Management, 2010(98):105-113.

[179] Wang L C, Shi J C, Zuo Q, et al. Optimizing parameters of salinity stress reduction function using the relationship between root-water-uptake and root nitrogen mass of winter wheat[J]. Agricultural Water Management, 2012(104):142-152.

[180] Wang Y R, Kang S Z, Li F S, et al. Saline water irrigation scheduling through a crop-water-salinity production function and a soil-water-salinity dynamic model[J]. Pedosphere, 2007, 17(3):303-317.

[181] Wang Z M, Jin M G, Šimůnek J, et al. Evaluation of mulched drip irrigation for cotton in arid Northwest China[J]. Irrigation Science, 2014(32):15-27.

[182] Wei Z, Paredes P, Liu Y, et al. Modelling transpiration, soil evaporation and yield prediction of soybeanin North China Plain[J]. Agricultural Water Management, 2015(147):43-53.

[183] Yang M D, Yanful E K. Water balance during evaporation and drainage in cover soils under different water table conditions[J]. Advances in Environmental Research, 2002, 6(4):505-521.

[184] Yeates S J, Constable G A, McCumstie T. Irrigated cotton in the tropical dry season. Ⅲ: Impact of temperature, cultivar and sowing date on fibre quality[J]. Field Crops Research,2010(116):300-307.

[185] Zhang B Z, Liu Y, Xu D, et al. The dual crop coefficient approach to estimate and partitioning evapotranspiration of the winter wheat-summer maize crop sequence in North China Plain[J]. Irrigation Science,2013(31):1303-1316.

主要符号清单

S1　1 g/L 灌水处理

S2　3 g/L 灌水处理

S3　5 g/L 灌水处理

S4　7 g/L 灌水处理

S3-1　S3 处理覆膜行中心处

S3-2　S3 处理覆膜行中心至裸露行中心的 1/3 处

S3-3　S3 处理覆膜行中心至裸露行中心的 2/3 处

S3-4　S3 处理裸露行中心处

S4-1　S4 处理覆膜行中心处

S4-2　S4 处理覆膜行中心至裸露行中心的 1/3 处

S4-3　S4 处理覆膜行中心至裸露行中心的 2/3 处

S4-4　S4 处理裸露行中心处

$EC_{1:5}$　土水比 1:5 悬浊液电导率

ET_0　参照作物需水量

EC_e　饱和泥浆浸提液电导率

ET_a　作物实际蒸发蒸腾量

EC_{sw}　土壤溶液电导率

ET_p　作物潜在蒸发蒸腾量

S　土壤盐分质量分数

ET_c　阶段作物耗水量

Δ　饱和水汽压–温度曲线的斜率

E　土壤蒸发量

R_n　净辐射

E_p　土壤潜在蒸发量

G　土壤热通量

T　植株蒸腾量

T_a　日均气温

T_p　植株潜在蒸腾量

u_2　2 m 高处风速

W_1　时段开始时土壤储水量

e_s　饱和水汽压

W_2　时段结束时土壤储水量

e_a　实际水汽压

P　降水量

γ　湿度计常数

I　灌水量

Y 作物产量

S_i 模拟值

M_i 观测值

d 一致性系数

K_c 作物系数

K_e 土壤蒸发系数

K_r 土壤蒸发减小系数

f_{ew} 裸露和湿润土壤所占的比例

f_c 植物对地面的覆盖度

f_w 降雨或灌溉湿润面积比

$\min\{\quad\}$ 括号内参数的最小值

$\max\{\quad\}$ 括号内参数的最大值

Z_e 蒸发土层的深度

$D_{e,i-1}$ 第 $i-1$ 天末土壤蒸发量累积深度

K_w 水分胁迫系数

K_d 盐分胁迫系数

K_{d-ini} 作物生长初期盐分胁迫系数

K_{d-dev} 作物快速生长期盐分胁迫系数

K_{d-mid} 作物生长中期盐分胁迫系数

K_{d-end} 作物生长后期盐分胁迫系数

K_{wd} 水盐联合胁迫系数

G_r 地下水补给量

R 地表径流量

F 深层渗漏量

k 消光系数

τ 冠层对太阳辐射的透射率

$\bar{S}$ 模拟值的平均值

$\bar{M}$ 观测值的平均值

K_{cb} 基础作物系数

K_{cb-ini} 作物生长初期的基础作物系数

K_{cb-mid} 作物生长中期的基础作物系数

K_{cb-end} 作物生长末期的基础作物系数

$K_{cb-ini-adj}$ K_{cb-ini} 的修正值

$K_{cb-mid-adj}$ K_{cb-mid} 的修正值

$K_{cb-end-adj}$ K_{cb-end} 的修正值

D_r 根系层消耗水量

p 发生水分胁迫前根系层中消耗水量与总有效水量的比值

θ_{FC} 田间持水量

θ_{WP} 凋萎含水率

Z_r 根系层深度

RH_{min} 最小相对湿度

$EC_{e-threshold}$ 作物耐盐阈值

ρ　种植密度

K_y　产量响应因子

θ　土壤含水率

q　土壤水流通量

φ_m　土壤基质势

c　溶质浓度

x、y、z　空间坐标

$D_{sh}(v, \theta)$　水动力弥散系数

K_s　饱和土壤导水率

$K(\theta)$　非饱和土壤导水率

θ_r　凋萎含水率

$D(\theta)$　非饱和土壤水分扩散率

α、n　土壤水分特征曲线参数

θ_e　土壤相对饱和度

l　经验拟合参数

θ_s　饱和土壤含水率

$b(x, z)$　根系分布函数

D_L　纵向弥散系数

S_t　与蒸腾关联的地表长度

D_T　横向弥散系数

$\theta_0(x, z)$　土壤初始含水率

h_ϕ　渗透压力

$c_0(x, z)$　土壤初始盐度

q_s　源汇项

q_e　土面蒸发量

c_s　源汇项溶液浓度

q_p　裸露处流量

q_f　覆膜处流量

c_p　裸露处水流的电导率

c_f　覆膜处水流的电导率

P'　覆膜处实际入渗量

$\alpha(h, h_\phi, x, z)$　水盐胁迫函数

$\alpha_1(h)$　水分胁迫函数

$\alpha_2(h_\phi)$　盐分胁迫函数

h_1　土体孔隙完全被水充满时的负压值

h_2　土体达最大毛管持水率时的负压值

h_3　土壤中毛管水发生断裂时的负压值

h_4　作物产生永久凋萎时的负压值

E_s　脱盐率

S_a　时段初土壤盐分含量

S_b　时段末土壤盐分含量

r　相关系数

英文缩略表

英文缩写	英文全称	中文名称
EC	Electrical conductivity	电导率
LAI	Leaf area index	叶面积指数
WUE	Water use efficiency	水分利用效率
AAE	Average absolute error	平均绝对误差
MRE	Mean relative error	平均相对误差
RMSE	Root mean squared error	标准误差
RH	Relative humidity	相对湿度
TAW	Total available water	总有效水量
RAW	Readily available water	易被吸收的有效水量
TEW	Total evaporable water	可以被蒸发的最大水量
REW	Readily evaporable water	易蒸发的水量
DPS	Data processing system	数据处理系统
LSD	Least significant difference	最小显著性差异